U0189205

Global Environmental Politics

The Transformative Role of Emerging Economies

全球环境
治理的博弈

（Johannes Urpelainen）

［芬］约翰内斯·乌尔佩拉　著　　陈凯西　译

中国科学技术出版社

·北　京·

北京市版权局著作权合同登记　图字：01-2024-0392

图书在版编目（CIP）数据

全球环境治理的博弈 / (芬) 约翰内斯·乌尔佩拉
(Johannes Urpelainen) 著；陈凯西译 . -- 北京：中
国科学技术出版社 , 2024. 9. -- ISBN 978-7-5236-1033-
6

Ⅰ . X-11
中国国家版本馆 CIP 数据核字第 2024ND5465 号

策划编辑	杜凡如	责任编辑	贾　佳
封面设计	创研设	版式设计	蚂蚁设计
责任校对	吕传新	责任印制	李晓霖

出　　版	中国科学技术出版社
发　　行	中国科学技术出版社有限公司
地　　址	北京市海淀区中关村南大街 16 号
邮　　编	100081
发行电话	010-62173865
传　　真	010-62173081
网　　址	http://www.cspbooks.com.cn

开　　本	880mm×1230mm　1/32
字　　数	165 千字
印　　张	9.75
版　　次	2024 年 9 月第 1 版
印　　次	2024 年 9 月第 1 次印刷
印　　刷	北京盛通印刷股份有限公司
书　　号	ISBN 978-7-5236-1033-6 / X·162
定　　价	79.00 元

（凡购买本社图书，如有缺页、倒页、脱页者，本社销售中心负责调换）

缩　写

BASIC 巴西（Brazil）、南非（South Africa）、印度（India）和中国（China）

CBD Convention on Biological Diversity《生物多样性公约》

CCD Convention to Combat Desertification《防治荒漠化公约》

CCM Chama Cha Mapinduzi 坦桑尼亚革命党

CDM Clean Development Mechanism 清洁发展机制

CERs Certified Emission Reductions 核证减排量

CFC Chlorofluorocarbon 氟氯化碳

CITES Convention on International Trade in Endangered Species《濒危野生动植物种国际贸易公约》

COP Conference of the Parties 缔约方大会

CORSIA Carbon Offsetting and Reduction Scheme for International Aviation《国际航空碳抵消和减排计划》

CTE Committee on Trade and Environment 世贸组织贸易与环境委员会

DETER Detection of Deforestation in Real Time 森林砍伐实

时监测

EPA	Environmental Protection Agency 美国环保署
EPL	Environmental Protection Law 环境保护法
FSC	Forest Stewardship Council 森林管理委员会
GDP	Gross Domestic Product 国内生产总值
GEF	Global Environment Facility 全球环境基金
GMOs	Genetically Modified Organisms 转基因作物
HFC	Hydrofluorocarbon 氢氟烃
IAS	Indian Administrative Service 印度行政服务系统
ICAO	International Civil Aviation Organization 国际民用航空组织
IFF	Intergovernmental Forum on Forests 政府间森林问题论坛
INDC	Intended Nationally Determined Contribution 国家自主贡献方案
IPCC	Intergovernmental Panel on Climate Change 联合国政府间气候变化专门委员会
IPF	Intergovernmental Panel on Forests 政府间森林问题工作组
LRTAP	Convention on Long-Range Transboundary Air Pollution《远程越界空气污染公约》
MARPOL	International Convention for the Prevention of Pollution from Ships《国际防止船舶造成污染公约》

MDGs	Millennium Development Goals 千年发展目标
NIEO	New International Economic Order 国际经济新秩序
NGOs	Nongovernmental Organizations 非政府组织
OECD	Organisation for Economic Co–operation and Development 经济合作与发展组织
OPEC	Organization of the Petroleum Exporting Countries 石油输出国组织
PIC	Prior Informed Consent 事先知情同意
REACH	Registration, Evaluation, Authorization and Restriction of Chemicals《化学品的注册、评估、授权和限制》
REDD	Reducing Emissions from Deforestation and Forest Degradation 减少毁林和森林退化造成的排放
SDGs	Sustainable Development Goals 联合国可持续发展目标
UNCED	United Nations Conference on Environment and Development 联合国环境与发展大会
UNCTAD	United Nations Conference on Trade and Development 联合国贸易和发展会议
UNEP	United Nations Environment Programme 联合国环境规划署
UNFCCC	United Nations Framework Convention on Climate Change《联合国气候变化框架公约》

UNFF   United Nations Forum on Forests 联合国森林问题
                论坛
WTO   World Trade Organization 世界贸易组织

序　言

2009 年 12 月，世界各国领导人为了签订全球气候公约齐聚丹麦首都哥本哈根。随着谈判的深入，中国在全球气候政治中的重要性成了不争的事实。

2015 年 9 月习近平主席和时任美国总统奥巴马就全球变暖问题发表了一份中美联合声明，在声明中将《巴黎协定》概述为两国共同的愿景，双方还宣布了相应的国内政策，并就应对气候变化做出了新的承诺。中国在可再生能源发电方面的大规模投资也赢得了许多赞许的目光。2019 年，也就是新冠疫情暴发的前一年，中国的可再生能源发电量增长了 9.5%，达到 750 千兆瓦。2020 年 10 月，中国宣布将在 2060 年实现"碳中和"。

正当世界向中国的新政策投来或钦佩、或敬畏、或羡慕、或怀疑的目光时，根据国际能源署 2021 年的报告《印度能源展望》（*India Energy Outlook*）中的数据，如果印度继续施行当前政策，尽管受到了新冠疫情的影响，2040 年印度的能源需求较 2019 年仍将增长约 70%。也就是说，印度将在全球气候的走向中扮演一个至关重要的角色。中国已经完成了工业转型，而印度仍处在工业化的早期阶段，再加上其不断增长的庞大人口数量，若印度的经济持续增长，其对能源和自然资源的需求必将大幅增加，而这样的增长将给全球环境带来巨大的影响。未来印度是通过可持续的（如风能和太阳能）还是不可持续的（如煤炭）方式来满足其能源和资源需求，这一选择将对全球生态产生决定性的影响。

不仅是印度，截止到 2019 年，有超过 10 亿人生活在非洲的撒哈拉以南地区。虽然目前该地区的人均能源和自然资源消耗量还很低，但一旦这些国家的经济开始高速发展，这些消耗量就将急剧上升。在接下来的 30 年里，印度有可能达到一个较高的经济发展水平，下一个经济发展的前沿或将是撒哈拉以南地区。每一次发展前沿的转移都意味着数 10 亿人消耗的能源和资源都将显著增长。除非这些国家设法用风能和太阳能等更环保的可再生能源代替煤炭，不然它们将给全球气候带来严重的影响。从全球环境政治的角度来说，21 世纪或将由那些曾经贫穷但目前正在经历经济转型的国家主宰，这是属于新兴经济体的一个时代。

新兴经济体对未来生活的影响绝不仅限于气候变化。棕榈油是世界上极受欢迎的植物油之一，不仅用于烹饪和食品，而且还是洗发水的原料之一。然而棕榈油的大规模使用导致森林被过度砍伐。马来西亚和印度尼西亚为了生产棕榈油破坏了大片雨林，这令环保组织不满，批评该产业对土地的使用方式是不长久的。截止到 2016 年，印度已经成为第二大棕榈油消费国，年销量为 1 030 万吨，仅次于印度尼西亚的 1 170 万吨。

另一个显著的例子是汞。早在 2013 年《关于汞的水俣公约》（*the Minamata Convention on Mercury*）签订时，国际社会就不得不面对这样的现实：在全球汞排放量中，东亚和东南亚占 40%，撒哈拉以南地区占 16%，拉丁美洲占 13%，南亚占 8%。虽然欧美的汞排放量在历史上居高不下，但到了 2013 年，其排放量几乎可以忽略不计。同样，绝大多数的汞污染来自新兴经济体和较为不发达的国家及地区。汞排放的地理分布反映了工业和自然资源开采的地理分布，而这些活动正越来越多地出现在已经完成了工业化的西亚和东亚之外的国家。

把这些看似无关的事件贯穿起来的主线是爆炸性的人口增长和经济发展。从 1974 年到 2012 年，全球人口从 40 亿增长至 70 亿，而其中大部分增长来自曾经贫困的亚洲国家。1978 年改革开放后，中国经济呈现出惊人的增长势头。30 年间世界实际人均 GDP 从 1978 年的 3 279 美元增长到了 2008 年的 7 614 美元，而中国的人均 GDP 增长了 8 倍，印度增长了 4 倍。1970 年到 2008 年，非洲实际人均 GDP 增长了 50%。

这样的转变将带来怎样的影响？试想一下，到 2030 年，世界上将有超过 7 亿台空调。制冷是十分消耗能源的，美国人均用电量和其他国家相比本身就很高，其中 5% 的用电量还专门贡献给了空调。随着全球安装了近 10 亿台新空调，即使新的空调拥有更高的工作效率，世界各国民用电量也势必会飞速增长。如果这些用电需求能靠可再生电力等干净的能源来解决，那么其对全球环境的影响将是可控的；但如果这些需求得靠化石燃料来满足，那么世界将迎来二氧化碳排放量的骤增。

上述这些都表明我们正生活在一个新兴经济体崛起的世界

里，国际政治经济的这种结构性转变将给全球环境带来巨大的压力。南亚和撒哈拉以南等地区或将很快成为全球经济增长的主力军。这些地区的人会需要更多的能源和自然资源来发展工业、服务业和家庭生活。当地政府在努力满足这些需求的同时，也需要承受资源枯竭和环境污染等副作用。因为这些国家的环境污染问题会危及其他国家，所以它们的"破坏力"达到了前所未有的水平。2019 年，中国的温室气体排放量超过了所有经济合作与发展组织（OECD）成员方排放量的总和，印度的排放量则超过了欧盟国家的总和。

在过去，第三世界国家扮演着和今天截然不同的角色。在二十世纪，除了西方资本主义阵营和苏联社会主义阵营的成员方外，其他国家及地区经济的重要性几乎可以忽略不计，尽管它们拥有石油、天然气、渔业和雨林等自然资源。那时，这些新兴经济体消耗的能源和资源还不足以给全球环境带来实质性的影响。它们在人口控制、森林砍伐和渔业等领域具有"破坏力"，这使得它们在相关问题的谈判中拥有话语权，但在臭氧层空洞和气候变化等问题的谈判中，它们被边缘化了，因为它们的能源和资源消耗还十分有限。

随着世界经济结构的不断转型，新的环境政治格局也应运而生。本书将聚焦全球环境政治并提出相应的分析框架和经验评估。在新兴经济体崛起的世界经济大环境下，为了防止全球环境恶化，越来越多的国家首次承担起了关键角色。随着这些国家的能源和资源消耗不断扩大，它们对全球环境的破坏力也相应增强，但它们与工业化国家仍存在着很大的差距。首先，环保的呼声虽然越来越高，但其政府的环保意识仍然很薄弱；其次，这些政府依旧缺乏制定环保和节能政策的能力。

综上所述，当我们试图理解全球环境政治的演变时，我们需要考虑以下三个重要因素：各国因其对能源和资源消耗的增长而不断增强的破坏力，薄弱的环保意识，治理能力的匮乏。

全球环境政治启蒙

各国政府应该在何时，以何种方式，又为何要通过协作来缓解全球环境的恶化速度呢？当某个国家的行为危害到其他国家的生态和居民时，一个国际性的环境问题就产生了。当许多国家都因为某个国家对环境的破坏而受到牵连时，一个全球性的环境问题便产生了。简而言之，所谓全球环境政治其实就是为了控制全球性的、多国之间的环境破坏而做出的大大小小的努力。因为环境破坏的始作俑者和受害者并不总是一个国家，为了解决问题，政府间的谈判必不可少，而各国间想要达成协议是十分困难的，原因有很多，其中有两个最根本的原因。

一是分配上的冲突：自身问题较多而受别国影响较少的国家普遍希望不被监管，反过来，自身问题较少而受害较为严重的国家则希望能加强监管。各国政府想要的谈判结果差异巨大，"环境外交"的核心便是找到一个能让多国政府接受的方案，并将其签订成多边条约。正如每个谈判者心知肚明的那样，找到一个折衷的方案并不是汇总各个政府的需求那么简单。政府需要在顾及其国内现状的情况下进行谈判，有时为了获得别国的让步，还会战略性地歪曲其需求。它们还必须在体制规则下作出决定，这会使得谈判的过程越发复杂化。

二是执行上的困难：在"无政府"的国际体系中，一个能够强迫缔约方遵守协议的"全球政府"并不存在，并且就像斯科特·巴雷特（Scott Barrett）提出的那样，没有任何机构能保证缔约方不中途退出协议。在国际环境合作中，缔约方需要调整自己的政策、项目来满足别方的利益。在这样的情况下，每个缔约方都面临着"搭便车"的诱惑，即付出的比规定少一些，而通过别人的付出多一些获益。在一个法制健全的国内社会中，这样的念头往往会被打消，因为缔约方签订的条约是具有法律效力的，故意不履行条约将受处罚，譬如被罚款。然而在国际关系中，合同，也就是条约，是很难被有效执行的。"没有一个共同的政府来监督条约的执行。与国内社会相比，国际机构的执行力是十分薄弱的。在国际社会中，作弊和欺骗难以避免。"

鉴于上述两个问题，任何基于政府合作的全球环境政治体系都必须确保谈判和执行的可行性。传统的步骤是政府间先就条约的条款进行谈判，如果谈判顺利，条约签订，接下来则着手执行条约。对条约签订后的执行力的预判决定了谈判的进程，而谈判的结果为条约的执行和监管提供了平台。在全球环境政治中，各国政府就分配问题讨价还价，又基于条约执行强制监管，我们可以清晰地看到这两个步骤及其相互作用。

今天，最重要且最为广泛讨论的全球环境问题是气候变化。我并不是想把多样化的全球环境政治问题简化为一个问题去看待，但气候变化的确很好地说明了全球环境政治问题的分配冲突和执行困难这两个基本问题。经济活动，从森林砍伐到煤炭发电，都会增加温室气体，使地球变暖，从而产生海平面升高和极端天气等问题。温室气体的排放地点并不重要，反正它最终会扩散到整个大气层，从而影响从冰岛到智利再到缅甸的每一个人。当一个国家的政府决定投资碳密度最高的化石燃料——煤炭时，它知道这一决定带来的绝大部分后果将由其他国家承担，可当气候变化引发的洪水威胁到孟加拉国国民的生计时，美国家庭并不会为此付出任何代价。

在这样的"问题结构"下，分配冲突和执行困难便会随之而来。一些国家，比如美国，排放了大量的温室气体；而另一些国家，比如马里，几乎不产生温室气体。一些国家，比如孟加拉国，面临着气候变化带来的近乎灭国的威胁；而另一些国家，比如加拿大，在气候变化的问题上则没有这么敏感，甚至因气候变暖而提高了农业生产力。有些国家，比如沙特阿拉伯，在经济上几乎完全依赖化石燃料的出口。它们的经济体系如果不彻底改变，一旦其他国家大国放弃使用化石燃料，它们的经济将陷入崩溃。当这些国家和其他国家坐在一起商议环境问题时，它们显然期待着不同的结果：比起气候变化，它们更担心减排。与此同时，政府的态度也反映了国内利益集团之间的分配冲突。

执行困难也同样是个难题。即使政府之间能最终就条款达成一致，执行起来也是困难重重。如果像俄罗斯这样的国家不能兑现减排目标，其他国家又能怎么样呢？如果像美国这样的国家不批准某个协议，又有谁能劝得动它呢？在国家间执行条约、兑现承诺或是履行公约的难度是最大的，这是国际学者们长期以来的共识。因为没有一个凌驾于各国之上的政权来惩罚叛逃者和违规者。因此，从国际关系的角度来看，全球环境问题是极难解决的问题之一。各国需要自觉放弃那些有利于自己而不利于其他国家的生态系统和居民的单边政策。不仅如此，所谓的"其他国家"往往涵盖了除自身以外的所有国家，这使浑水摸鱼的"搭便车"行为更具诱惑力。

　　全球的环境问题可以分成两个类别：环境污染和资源枯竭。当一个国家的经济活动产生的污染物通过大气层进入其他国家时，该国的相关政策和决定就会引起其他国家的关注。气候变化就是这样一个问题，其他类似的问题还包括臭氧层空洞、硫黄排放和汞排放。在这四个问题中，气候变化和臭氧层空洞是典型的全球性问题，因为污染源的地理位置和污染的影响并不直接挂钩。虽说处在不同的地理位置，其生态和社会将受到不同程度的影响，但环境问题本身是全球性的：我们只有一个大气层，也只有一个臭氧层。相比之下，硫黄排放和汞排放问题更具地方性，因为污染源的位置决定了污染的范围。

　　另一类环境问题是资源枯竭。因为很多自然资源是"公有"的，而不是个人或国家独享的，有些企业或政府就会过度使用它们。例如世界各国过度捕捞导致海洋鱼类锐减、全球渔业崩溃。

各国的渔船运用先进的技术捕到了尽可能多的鱼，以至于鱼群的繁殖速度已经跟不上人们的捕捞速度。同样，森林资源虽然在某种意义上属于某个国家，因为它们位于这个国家的主权管辖范围之内，但它们也会给别的国家带来众多好处。这样一来，拥有森林管辖权的政府就可以通过过度砍伐森林来换取经济利益。尽管许多早期的对资源稀缺的担忧集中在化石燃料和矿物等不可再生的资源上，但这些担忧也许是多余的，主要的不可再生资源大都比较充足。随着大公司对资源的不断探索或者是开发其替代品，在可预见的未来里，资源相对是充足的。

所以，今天人们对于资源枯竭的担忧反而主要集中在可再生资源上，如地下水、渔业、雨林和野生动物栖息地等。事实证明，这些资源很容易被过度开采，从而陷入短缺。随着人口和经济活动的不断扩张，对这些资源的消耗也在不断增加。塑料对于海洋的大规模污染等新的问题层出不穷。最近的评估结果表明，许多可再生资源正处于非常危险的境地。比起不可再生资源的不足，可再生资源的匮乏正对人类的福祉造成更为迫切的威胁。

另一种分类方法将全球环境问题分为"绿色"问题和"褐色"问题。绿色问题是威胁着生态和物种，进而终将威胁人类社会的传统环境问题，包括气候变化、臭氧层空洞、森林砍伐和野生动物栖息地的破坏等。而褐色问题则是局部环境问题，对人类社会造成了直接的、立竿见影的局部影响，比如水土流失、地下水枯竭和河流污染。1971 年，一群来自"全球南方"的知识分子撰写了所谓的《富内报告》（*Founex Report*），解释了第三世界国家在环境保护道路上遇到的障碍：

> "然而发展中国家所面临的主要环境问题在本质上与发
> 达国家是不同的。这些问题实际上反映的是社会的贫困和发
> 展的停滞。也就是说，这些问题是城市和农村的贫穷导致
> 的。在这些国家的城镇和农村，因为水质差、住房紧缺、卫
> 生条件不过关和营养不良等问题，再加上疾病和自然灾害的
> 困扰，不要说生活品质了，连最基本的生计都很难维系。这
> 些问题就和工业污染一样，都是人类环境议题下需要关注的
> 问题。这些问题影响了更为广大的人类群体。"

"绿色"和"褐色"的区分方法在学者、业内人士间引起了
激烈的，甚至是尖锐的辩论。工业化国家通过其国内政策已经大
体上解决了褐色问题，因此，其具有较强环保意识的国民更倾向
于着手解决绿色问题；但在新兴经济体，褐色问题往往更为突出
和紧迫，它们直接威胁着贫困人口的生活和生计。在全球环境政
治的层面上，各国之间存在着绿色问题和褐色问题孰轻孰重的
分歧。

全球环境问题的重中之重仍是各国间加强合作的必要性和紧
迫性。根据罗伯特·O. 基欧汉（Robert O.Keohane）对于"合作"
的定义，只有当各方根据集体的共同愿望调整自己的行为，而不
是根据个体的理性选择行动时，"合作"才能达成。这里的关键
在于，各方需要为了别人的利益而改变自己的行为，只有这样

每一个参与者才能受益，虽然受益的程度可能有所不同。基欧汉很严谨地没有将"合作"与"和谐"混为一谈，因为"和谐"指的是各方独立的理性选择刚好是集体所希望的，即各方之间不存在利益冲突的情况。而"合作"则正好相反，正是因为单方的理性选择会给集体带来不好的后果，"合作"才是必要的。在全球环境政治的领域内，所谓不好的结果指的是环境恶化，包括环境污染和资源枯竭，以及它给自然和人类社会带来的负面影响。

可惜的是，合作是很困难的。因为许诺改变自己的行为来为他人谋利的人，时刻需要面对违背自己承诺的诱惑，从而避免付出"高昂"的代价。只有解决了分配冲突，即确定了谁能得到什么，谁又需要付出什么，通过"以牙还牙"等机制来强制履行承诺并监督各方的行为和结果，合作才能达成。

如果说合作本身是困难的，那么"南北合作"，也就是工业化国家和新兴经济体之间想要达成合作，更是难上加难。自1972 年在斯德哥尔摩举行的第一次全球环境峰会以来，发展中国家已经多次就多边合作可能对其经济发展产生的负面影响表达了担忧。1972 年 6 月 14 日，时任印度总理英迪拉·甘地（Indira Gandhi）在斯德哥尔摩向联合国成员方发表了关于环境问题的演讲，她强调当工业化国家为了其经济利益而剥削落后国家时，落后国家所面临的困难：

"对公民的政治权利和对劳动者的经济利益的诉求是在

国家发展到一定阶段之后才出现的。殖民地国家的财富和劳动力在推动西方的工业化和繁荣的进程中扮演了重要的角色。可是现在，当我们努力为我们自己的人民创造更好的生活时，情况却大不如前。因为很明显，在如今鹰眼般的国际监视下，哪怕是为了正当的、有价值的目的，我们也不能诉诸过往的做法了。"

接着她得出了一个结论，这个结论在过去的四十年间，成了"南北环境政治"的一个基本共识：

"发达国家一边对我们毫无起色的贫困心存疑虑，一边警告我们不要用它们用过的方式去发展经济。其实我们并不希望进一步消费环境，但我们一刻也无法忘记还有大批人口在赤贫中挣扎。难道贫穷和生存的需求不是最大的污染源吗？除非我们有能力为部落居民和生活在林区的人们解决就业问题，让他们有能力去购买生活必需品，否则我们无法干涉他们继续在森林里觅食和寻找生计，无法阻止他们偷猎和破坏植被。当人类都无法果腹时，我们又拿什么去保护动物呢？我们如何跟那些住在村庄或者贫民窟里，生存环境本来就被污染的人说，你们应该保护海洋、河流和空气？在贫穷的前提下，环境保护成了一纸空谈。如果不诉诸相应的手段，我们是无法脱贫的。"

今天，世界贫困群体的选择和需求正在左右着全球环境政治的未来，英迪拉·甘地的一席话比之前任何时候都更加掷地有声。亚洲、非洲和拉丁美洲的经济低迷期或许已经过去，人口和经济的双重增长，使得全球环境恶化的速度被那些暂时贫困但不断发展的国家政府所左右。随着国际政治经济结构的转变，全球环境政治的局面也有所变化，本书将讨论这些变化的起源、性质及其影响。

全球环境政治的变化

本书旨在理解和解释二十一世纪世界经济和国际关系的主要趋势是如何塑造全球环境政治的。我的目标是建立一个强有力的分析框架，抓住变化中最重要的驱动因素，即相关政府的数量、它们在环境问题上的偏好、它们的结构性权力、它们的制度能力（实施政策的能力）等。以上这些都是学界已有的概念，但学者们至今还未对它们进行综合探讨。通过本书的分析，我的最终目标是了解和评估相较于各国沿用其现有政策，即"政策延续情景"，全球环境合作能产生什么新的价值。

本研究延续了传统的方法论，将研究重点放在了政府的行为上。虽然私营企业、基金会和环保团体等非政府机构在当今的全球环境治理中扮演了重要的角色，它们监督国家行为，行使专有权限，并在决定国家和国际政策的大会上进行游说，但只有政府才能制定并实施能够有效控制环境恶化的政策。除了政府，没有任何其他机构有能力推行政策，这是短期内不会改变的事实。在国际层面上，最重要的决定也仍由主权政府来决定，只有它们通过谈判签订并执行条约，各国才有可能摆脱不可持续发展的"政策延续情景"，通过减少环境恶化来共同追求更好的未来。

本研究与以往研究的不同之处在于，我将研究的重点放在了政府而不是国家上。之前的研究往往以国家为单位，对其行为进行分析。虽然这样的方法十分简洁，适用于研究"集群行动的难度"这样一些重要的合作问题，但它根本不适合研究变化的驱动力。正如我将论证的那样，全球环境政治中最重要的变化来源于世界经济中更深层次的转变。虽然政府受到了企业、反对党、民间社会和公众舆论的约束，但它们仍是塑造和应对全球政治环境变化的最重要角色。

现在让我们来看看驱动全球环境变化的四个因素。随着人口和经济的双重扩张，越来越多的国家坐到了谈判桌前，商讨全球贸易中的环境问题。很多新兴经济体在全球环境政治形成的早期就掌握了大量的自然资源和人口，但它们的制造业、服务业和消费能力直到近期才起步。人口和经济的增长是这些国家数量增多的根本原因，也是本书研究的根本动因。随着新兴经济体中富裕人口的大幅增长，其工业活动、能源消耗、自然资源消耗的扩大和废物的增加也必然对环境产生影响。

一个社会对环境的总体影响其实就是其人口规模和人均影响的乘积，而人口规模和人均影响又是技术和财富的综合产物。人口和技术在不停变化，而新兴经济体中人口的日益富裕则直接推动了全球环境政治的演变。虽说对"人口过剩"的担忧由来已久，但如果我们不从人均消费差异的角度去看待人口过剩，那么这种担忧便是毫无意义的。一个庞大且富裕的人口群体使用低效且造成污染的技术才会给环境带来真正的挑战。

　　这些变化加剧了新兴经济体的"破坏力"。在没有环境保护措施的情况下，当一个国家的人口和经济导致当地环境发生严重恶化时，它的政府就已经具有了强大的"破坏力"。鉴于一个国家对环境的潜在影响力约等于该国人口规模乘以人均污染和资源消耗，人口众多且富裕的国家往往比贫困的小国更具破坏力。由于这种破坏力对全球环境存在着重大威胁，快速发展的新兴经济体的政府在全球环境谈判中的地位日益飞升。

　　人口数量和人均环境破坏量的乘积在物理层面上精准地体现了一个社会的环境足迹，这个乘积同时也决定了政府在谈判桌上的实力，进而间接塑造了全球环境政治体系。当一个政府管理着庞大的人口，且人口规模还在不断扩大时，随着资源消耗量的不断上升，如果政府不作为，即不执行环保节能政策，就会轻易造成全球环境的恶化。这样的威胁力使该政府有足够的筹码迫使其他政府做出让步，比如向其提供财政捐助或转让清洁技术。在与其他政府的互动中，这样的破坏力不仅会影响各方分蛋糕的结果，还会改变环境合作的深度及其影响。

　　新兴经济体的政府与二十世纪工业强国的政府有两大不同。首先，其对环保仍不够重视。考虑到经济增长对缓解贫困、建设基础设施和创造就业的必要性，这种不够重视是可以理解，甚至是部分合理的。新兴经济体的人均排放量目前仍低于工业化国家，而且它们的经济是从近期才开始高速发展的，对于环境破坏，它们无须承担多少历史责任。它们的人口虽然庞大，但也没有像工业化国家的人口那样生活得很奢侈。

尽管新兴经济体已经拥有了破坏全球环境的能力，但它们的经济发展水平仍然较低，这意味着对它们来说，发展经济仍是压倒一切的头等大事。如果主要工业化国家的政府反对环境合作，这往往反映了政府受到了国内政治或者制度的约束。例如，美国政府不会批准议会反对或者与国内法律相悖的合作条约。相比之下，主要的新兴经济体正共同致力于经济的发展。虽然它们对环境问题也很敏感，但这种敏感度是近年来才出现的，且主要反映在公共卫生和资源安全等实际问题上。

新兴经济体与老牌强国的第二个不同是国家制度能力的不同，我将其定义为对环保政策的"实际执行力不足"。"实际"一词是这里的重点，因为抛开制度能力不谈，这些政府也不一定想减少污染和浪费或维护可再生资源。制度能力的不足使得政府无法解决它们所面临的环境问题或无法遵守环境条约，因为它们根本无法胜任环境保护的工作。举一个简单的例子。政府的环境部门没有足够的拨款聘请诚实且有能力的检察员，派他们去访问各个工厂并且监测污染的排放情况。有时聘请的检察员人数不够，无法就工厂主不遵守规定的行为进行有效威慑和处罚；有时检察员的工资太低，导致他们容易收受贿赂，对污染行为视而不见。在这样的情况下，政府想要推行法规去减少空气污染是十分困难的。

二十世纪的经济强国聚集在北美和西欧，它们的政府有能力制定和实施高效的政策。经过几个世纪的努力，它们建立了强大的行政系统，能够制定并且切实执行复杂的政策（比如成立排放量交易市场）。然而，今天的新兴国家往往还未建立起这样的制度能力，便已开始发展。由于没有经历漫长的国家建设期，这些政府在推行复杂的环保政策时必将面临巨大的挑战。社会日新月异的经济现状，以及政府对国家安全和经济增长等领域的优先考虑，将使这一挑战更为严峻。工业化国家已经在数十年间建立了它们的环境治理体系，而对大多数新兴经济体来说，它们才刚刚在这个领域起步。

由此，新兴经济体制度能力的不足已经成为全球环境合作中日益显著的障碍。在过去，导致环境恶化的国家都是一些制度水平较高的国家，但这样的局面已经被打破了。今天，在全球环境政治中，如何在地区和国家层面上提高制度能力成了新的核心课题。这种能力的匮乏并不是一个简单的技术性问题，而是会在国际环境领域内给国内政治、国际谈判、条约执行等方面带来复杂的影响。因此，我预测，外部力量帮助新兴经济体提升其制度能力的现象和围绕着这种现象的辩论在二十一世纪的全球环境政治中将不断出现。

通过中国和印度的对比，我们可以清晰地看出制度能力的重要性。在过去的几十年里，这两个新兴经济体都发展迅速，成了全球环境政治中的两个重要参与者。然而，两国的发展模式、国内环境政策和在全球环境中的立场都大不相同。中国日益精进的制度能力不仅助力了其经济的增长，还减少了因国家经济的飞速发展和前所未有的大规模扶贫工作而造成的环境破坏。相反，印度的经济增长是在制度能力短缺且无发展的情况下实现的。因此，新德里在经济发展和环境保护"两手抓"的效率上要远低于北京。

而大多数的新兴经济体的情况与印度类似，因此制度能力正成为一个关键的政策问题。如果新兴经济体在发展经济的同时无法提升自身政府的制度能力，那么它们的经济扩张将对环境造成非常严重的负面影响。制度能力强的政府可以控制其增长轨迹，最大限度地减少外部负面因素，并为未来做规划。中国在环境保护上取得的瞩目成果体现了投资制度能力所带来的好处。然而，根据在经济发展中数十年来积累的管理经验，要兑现这些好处，对于成长中的新兴经济体来说也是一个挑战。

这个问题在协商化石燃料和土地使用等经济议题时尤为突出。当谈判围绕着某个特定的资源或领域展开时，传统方法中严格和统一的规则仍然可行，因为条约的内容越具体，就越不容易在谈判中引发复杂的政治冲突。通过借鉴二十世纪的制度经验，我们成功应对了臭氧层空洞和海上漏油等问题，这些经验仍然适用于今天的某些议题，譬如叫停某种对环境具有破坏力的物质的开发和利用。然而，在应对新兴经济体的人口和经济扩张对环境造成的总体影响时，它已经过时了。新瓶装旧酒是无法拯救地球的，因为最重要的环境压力来自对能源和自然资源日益增长的需求。可目前还没有什么灵丹妙药能切断能源使用、资源消耗和环境恶化之间的紧密联系。绿色产品能带来一些帮助，提高能源和资源的使用效率也能给许多领域带来很大的不同，但这样的解决方案充其量只能解决局部问题，无法触及大多数领域。

图 0.1 概述了本书的主要论点。新兴经济体人口和经济的快速增长导致了能源和资源消耗的扩大化，越来越多的国家在全球环境谈判中拥有了"破坏力"这一筹码。然而新兴经济体政府的制度能力的提升速度却赶不上经济的增速，其环保意识也仍旧薄弱。以下三个因素之间的相互作用：不断增强的破坏力，薄弱的环保意识，受限的制度能力，成为全球环境保护的新障碍。

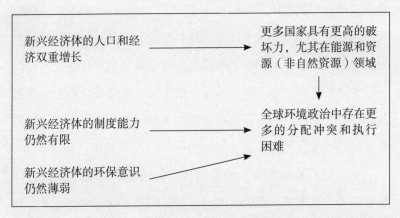

图 0.1　本书论点摘要：新兴经济体日渐增长的破坏力使全球环境合作变得复杂，而有限的环保意识和薄弱的制度能力又加剧了这种破坏力

在新兴经济体的崛起中保卫地球

上述论点对全球环境政治的研究具有重要意义。二十世纪末，对全球环境政治的研究开始从传统的以国家为中心的模式转向非国家层面的管理机制。到了二十一世纪，新的挑战来临，最紧迫的问题集中在新兴经济体能源与环境政策的政治经济领域。全球环境政治的未来，首先取决于不断增加的新兴经济体及其政府制定的国家政策。

现如今，新兴经济体的增加使得能源消耗成为全球环境恶化的罪魁祸首。随之而来的最严重的环境后果是能源需求的快速增长。最近的经济研究表明，随着数十亿人正在寻求现代能源带来的便利和生产力，全球能源消耗的爆炸性增长仍将继续。化石燃料是气候变化的元凶，同时也是全球空气污染的重要来源。能源问题的重要性在于它几乎涉及了社会的方方面面，在生产和消费能源的过程中，许多操作都有可能导致全球环境恶化。几乎任何一种经济扩张都会导致能源需求的增加，从而需要生产和消费更多的能源。不仅仅是与其自然资源相关的问题，新兴经济体已经成为各种环境问题的关键。

正如我们将看到的，传统的谈判方法在解决某些领域的问题时，还是取得了一定成效的，譬如针对氢氟碳化合物、航空和汞的污染问题，但在应对森林砍伐和二氧化碳排放等根本性问题时，传统的方法基本上都失败了。鉴于当今几乎所有全球环境问题都与能源有关，这对未来的环境治理提出了挑战。各政府需要认识到特定领域方法的局限性，转而探索跨领域的谈判方式，通过提高效率来节约能源，并用绿色和可持续能源取代不环保的化石燃料，尤其是煤炭，进而在未来的全球环境治理中取得成功。

尽管全球范围内能源使用的爆炸性增长引发了人们对环境的担忧，但在一个拥有 70 亿人口，且人口还在持续增长的星球上，这是发展的必然结果。直到二十世纪初，现代能源还只是先进工业化国家的少数人独享的特权。在制度层面上，这种特权是令人不安的，因为没有现代能源的生活必然既不稳定又不方便。所以，全球环境政治领域从业者所面临的挑战不是阻止能源使用的扩大化，而是通过推进节约能源的政策来控制这种扩大化，减少对煤炭等燃料的投资，并转而投资绿色能源的基础设施建设。

尽管面临挑战，全球环境政治的未来也充满了机遇。在巴黎协议等谈判案例中，我们看到了僵化的、自上而下的条约演变成了更强调国家主权的解决方案。这些方案允许一些国家的政府先作出承诺，再一起逐步"优化"这些承诺。这顺应了全球环境政治的新现实，许多制度能力有限的参与方的环境偏好天差地别，这样的解决方案则直面了这些偏好差异带来的挑战。一方面，各国政府加入国际环境"俱乐部"后，支持环保的政府可以制定"入盟协议"来鼓励新兴经济体推行先进的环境政策来换取切实的经济利益，如贸易合作的升级、新的技术和融资。另一方面，不同种类的政府组成了一个庞大的群体，它们既没有意愿又没有足够的制度能力在国内积极推行环保政策。这时，"俱乐部"可以通过重视新兴经济体的具体需求和面临的挑战，来为全球环境合作提供一个灵活便捷的解决方案。

随着新兴经济体的影响力不断提升，对其能力建设进行大量投资是很有必要的。由于新兴经济体正面临着威胁其社会稳定和经济发展的环境挑战，制定有效的环境和能源管理政策符合它们的直接利益。然而，只有对制度能力的发展进行投资，才能有效推行这样的政策。同时，工业化国家有机会通过支持新兴经济体的能力建设来为未来更有效的全球环境治理奠定基础。如果制度能力能被及早建立起来，新一代的新兴经济体可能会避免一些政策陷阱，例如不切实际的环境政策和助长浪费型消费的能源补贴政策。足够的制度能力将使新兴经济体充分利用新的绿色技术，如太阳能发电、电动汽车和先进的生物燃料。

在帮助新兴经济体制定它们的国家环境政策时，不可忽视该国政府自身的政策重点。在二十一世纪的环境政治中，鉴于新兴经济体日益增长的结构性力量，任何外部强加给它们的议程十有八九会失败。因为对于新兴经济体来说，只有保证经济增长才能消除贫困，所以政府关注经济发展在道德上也无可厚非，发达国家根本没有资格去批评发展中国家利用能源和资源来追求经济增长。事实上，这种国际权力结构的变化意味着：解决新兴经济体当地的环境问题和追求可持续的人类发展亟须提上日程，成为一个优先事项。虽然工业化国家的领导人、非政府组织和国际组织需要操心很多国际上的大问题，如气候变化，但吸引新兴经济体通过致力于国家机构的发展和制定政策来解决当地的紧迫问题，让它们及时参与到全球环境政治中来，对这些领导人和机构来说才是明智的选择。

这一战略不仅确保了新兴经济体的参与，还产生了外溢效应，因为制度能力的提高确保了政府在未来能更高效地应对全球环境问题，哪怕这些问题现在还不是这些政府的工作重点。另外，解决地方环境恶化问题也会带来直接的好处，例如，保护森林资源和减少城市空气污染能减缓气候变化。另一个立竿见影的好处是，可再生能源的使用可以促进能源安全，提高能源利用率，同时使电力部门脱碳。

因此，全球环境合作将助力于对制度能力的投资，即使这些投资最初被用于应对新兴经济体国内的环境挑战。对制度能力的投资一方面使全球环境合作对新兴经济体更具吸引力，另一方面则为将来执行全球性的行动奠定了基础。随着时间的推移，新兴经济体为全球环境保护做出贡献的成本会降低，而收益则会增加。

章节概要

本书将讨论一个极其复杂的全球挑战。在第一章，我将提出一个足以解释全球环境政治的过去、现在和未来的理论。国际政治经济的局势将如何影响国际社会对全球环境问题的治理能力，是当今全球环境政治领域最大的议题。要回答这个问题，我们需要搞清楚两件事：第一，什么是环境合作的根本障碍；第二，在不同的国际政治经济体系下，这些障碍规模会如何变化。因此，我整理了一些相关研究，汇总了它们的观点，形成了我最初的观点。在此过程中，发挥关键作用的国家越来越多，我将阐述它们的结构性权力、偏好和制度能力发生了怎样的变化，这些变化又是如何改变全球环境政治的性质和结果的。

本书的主要内容集中在介绍和评估经验性证据上。第二章、第三章将以国际谈判的逻辑为重点，探讨一些全球性的问题。我在第二章对第二次世界大战后传统的全球环境政治提出了自己的见解，描述了二十世纪全球环境政治的一些普遍模式，以及支撑这些模式的国际政治经济。我运用自己的理论，结合当时的国际政治经济状况来解释这些模式。以"南北政治"为基础，我将特别强调第三世界国家所处的位置和它们取得的成就。

在第三章中，我将解释、总结和评估二十世纪末至二十一世纪初全球环境政治的核心变化。延续性和变化在我看来都很重要，因为许多事情的变化仅是表面现象，其原理并没有变。换句话说，我分析的前提是全球环境政治的基本体系被沿用，但相关参数值却出现了重大的变化。我们现在生活在一个新兴经济体快速发展的世界，曾经的第三世界国家对全球环境政治比以往任何时候都要重要。二十世纪全球环境政治的基本模式足以解释这些变化，只要我们充分认识到"破坏力"的增长及它与薄弱的环保意识和有限的制度能力之间的相互作用。

第四章将重点讨论三个具体的环境制度的发展轨迹：气候变化、生物多样性的丧失和化学品问题。基于我的分析框架，我会分析具体案例来解读这三个重要的环境制度的发展。我将揭晓：

在每一个案例中，新兴经济体的崛起是如何改变多边谈判和条约形成的逻辑的。气候变化谈判越来越多地围绕着向新兴经济体提供绿色能源而展开，以此推动其经济发展，并为其寻找建设性的问题解决方案。只有缓解了经济增长给各大陆栖息地带来的压力，才能有效解决生物多样性的丧失问题；只有为中国和印度等国家寻找适合的替代品，才能有效控制危险化学品的生产、消费和贸易。

接下来，我将探讨不同的新兴经济体扮演的角色和发展经验。尽管越来越多的国家将在塑造全球环境政治的未来中扮演重要角色，但中国和印度这两个巨头仍是当今世界新兴经济体的领头羊。中国即将转型为一个服务型经济体，随着规模收益的减少，中国经济增速的放缓将不可避免，印度可能成为下一个世界经济强国。第五章将专门探讨全球环境政治中的中国和印度。

其他主要新兴经济体也陆续加入这场"游戏"。在第六章中，我将调查四个国家的经济前景、环境状况和谈判立场。它们分别是越南、菲律宾、印度尼西亚和尼日利亚。我将初步探究国际政治经济中的变化会对这些新兴经济体的经济、政治和外交带来的影响，并进行比较研究。在环保概念薄弱以及制度能力欠缺的情况下，这四个国家已经具备了一定的破坏力。我也将探讨巴西的情况，由于它拥有大片的亚马孙雨林，它也有着非比寻常的破坏力。虽然巴西不是一个新兴经济体，但通过它我们可以看到当某个国家掌控了大量的自然资源时，全球环境谈判将面临的挑战。粗略回顾一下巴西的环境政策和其过往在全球环境谈判中的立场，就知道为什么自然资源领域的"南北合作"从一开始就充满困难了。

由于我的论述具有前瞻性，在第六章中，我还考察了最近崛起的新兴经济体，也就是进入二十一世纪后才展现出经济活力的国家。我将关注孟加拉国、缅甸、埃塞俄比亚和坦桑尼亚这四个国家。虽然它们还没有足够的影响力去决定谈判的走向，但它们正在朝着这个方向发展。我将对它们在未来几十年的发展轨迹做出预测，因为是未来的状况，所以我的分析会带有一定的猜测性质。

最后一章给了我们思考本书论点并在更广泛的层面上探讨其意义的机会。除了简单重申本书论述的关键假设、猜想和全球环境政治的经验外，我还将探讨将全球环境政治研究方向重新引导回政治经济领域的必要性，尤其是新兴经济体制定政策时所处的政治经济背景，以及扩展讨论前一章中涉及的政策影响。最后，我将大致探讨全球环境政治的未来，在这个拥挤的地球上，南方的数十亿人终将摆脱赤贫。

本书的关键点其实很简单：二十一世纪的全球环境政策将服务于整个人类文明，而非少数富裕人群的生存、发展和繁荣。

CONTENTS

目 录

第一章

国际政治经济与全球环境政治

本章旨在探究国际政治经济局势的走向是如何影响全球环境政治的发展的。推动国际政治经济局势变化的要素包括了各国政府的"结构性权力""环保偏好"和"执政能力"。考虑到"环保偏好"和"执政能力"这两个要素的影响力较低且自身变化缓慢，我将着重探讨"结构性权力"这一要素是如何从根源上决定各国间有关环境问题的谈判逻辑和谈判结果的。此外，我还将特别关注这三个要素之间的相互作用，它们是如何反应在每一次的谈判结果（即哪个国家的偏好能影响合作）之中，以及合作的前景和深度（即合作能否持续、深远地解决国际环境问题）上的。

　　我之所以强调这些政治经济学范畴的要素，是因为全球环境政治的走向绝不是各国在谈判桌上三言两语就能决定的。虽然像全球变暖这样"Super Wicked"（超级棘手）的环境问题的确存在①，但绝大多数极为尖锐的环境政治问题都来源于与环境无关的国际政治经济问题。探讨像"公地悲剧"这样在环保合作中遇到的问题时，每个问题其实都具有更深层次的国际政治经济学上

---

① "Wicked"一词最早是用来描述无法接受简单答案或最优解决方案的政策问题，气候变化则是"Super Wicked"（超级棘手）的环境问题（Levin et al., 2012）。——译者注

的某些更广义的特征，而我们需要做的就是探究这些特征。

战略制度主义和政治经济学是理解全球环境政治演变的重要理论基础。环境政治中的一些基本的问题，比如为什么需要环保合作，各种外因如何影响国家之间的合作，尤其是在合作中主要参与方能获利多少，都能通过战略制度主义找到较为明确的答案。而政治经济学则能为抽象、风格固化的制度主义模型注入新的活力。通过探究各国的"破坏能力"和"执政能力"等政治经济学定义下的"指标"，可以调整我们运用战略制度主义的方法，以此来真正理解全球环境政治的发展方向。本次研究虽然延续了战略制度论和政治经济学这两个现有的方法论，但相比过往的研究，本书将更加深入地探讨"政治经济层面的变化如何引起各国间的环保合作关系的变化"这一议题。我将把两种传统理论有机结合，创造出一个能够解释国际政治经济和全球环境政治的关联性的新理论。

总而言之，我认为，随着新兴经济体消耗的能源和资源日益增加，它们对全球环境的破坏力也在不断变大。因此，在众多围绕着环境保护而展开的国际合作中，这些新兴经济体正扮演着越来越重要的角色。由于这些国家中的大部分还面临着环保意识薄弱，或是政府执政能力不足等问题，全球环保合作也随之变得愈发困难。尤其是维护现有的消费模式和保护自然资源之间的拉扯，更成了全球环保问题中极为普遍的矛盾之一。

全球环境政治的两种方法论

战略制度论提出的方法论，其根本逻辑在于理解并创造全球集体行动。在罗纳德·B.米切尔（Ronald B. Mitchell）看来，该方法论是为了解释"为什么人类会破坏自然环境，为什么其中一些破坏行为会出现在国际舞台上，为什么谈判有时成功有时失败，以及为什么一些国际条约能够改变某些国家的行为，但有一些却不能。"

该方法论的相关研究都基于这样一个共同的假设：一群国家面临着一个共同的问题。每个国家都在制造污染并损害着其他国家的利益，因此这些国家的政府必须共同设计、参与和实施一项协议来减少污染。可这说起来容易做起来难。每个政府都面对着继续制造污染的诱惑，毕竟减少污染的付出需要国内承担，而减少污染的好处却是国际共享的。如果每吨污染的减排成本是 10 美元，而带来的环境效益是 50 美元，那么该国只有在获得了五分之一以上的总利益时，政府才有经济上的动机去采取行动。而通过签订环保协议，减少污染成了各国间的互惠条件，从而克服了上述问题。政府之间达成一致，每个政府都需要减少污染。如果其中一个政府没有兑现减少污染的约定，其他政府将对其进行制裁。

以巴雷特的研究为代表的一些早期研究论证了解决这个问题的困难性：即使各国间成功签订协议，它们也无法逼迫每个国家都参与这项协议。换句话说，一个"自我执行的协议"，即一个不需要世界政府来监督执行的协议，不会拥有很多成员方。为了理解这个论点，我们假设某个协议的成员方可以通过某种方式，在确保集体利益最大化的前提下实施减排方案。如果这个协议有很多国家参与，那么任何一个成员方都可以轻易退出协议，并指望剩下的国家继续完成减少污染的任务。久而久之，大部分的政府最终都会退出协议，只剩下少许政府继续为减少污染而努力着。正如巴雷特所说，国际环境协议"在非常多的国家共享资源的情况下，是无法大幅增加全球净收益的。"

与早期研究相反，近期研究侧重于如何通过制度设计来减少此类问题。它们首先承认了上述问题确实存在，然后提出通过改变条约的制度设计来处理这些战略问题。该研究方法并不调查制度设计变动中的政治因素，而是对改变制度设计的后果进行思维试验。比如米切尔和帕特里夏·M. 基尔巴赫（Patricia M. Keilbach）考察了上下游国家通过"议题连接"[①]和"补偿付款"等手段来达成合作的能力。如果一个上游国家排放污染并使一个下游国家受到影响，那么下游国家就必须胁迫或者贿赂上游国家减轻污染。米切尔和基尔巴赫推断，如果下游国家的实力未明显强于上游国家，那么下游国家就需要向上游国家提供补偿付款，这样才能达成有效的协议。相反，如果下游国家拥有更强的"结

---

① "议题连接"（issue linkage）是国际关系学的概念，指的是在国际谈判中同时讨论并解决多个议题。这是国家为了实现多个目标而采用的一种谈判策略。——译者注

构性权力"，那就没必要提供补偿付款了。"下游国家若比违反规则的国家更强大的话，它可以选择这样的积极连接（positive linkage）方式，也可以选择消极连接（negative linkage）方式来迫使违反规则的国家减轻外部影响，并且在不借助制度约束的前提下也能做到这点。"

其他相关研究的重点包括安排方式、清洁技术的作用、承诺的国内执行、知识社群中科学家和其他人的作用以及气候变化的特殊情况等。这些研究的共同前提是，协议性质或其他因素（诸如国内政治状况的变化）将会引起最终结果的变化，即环境质量的不同改善情况。

然而政治经济学的方法论提供了一个非常不同的视角。它强调用国际政治经济学的特点来解释全球环境政治，用下层的政治和经济的结构来解释上层的全球环境政治的性质和结果。正如詹妮弗·克拉普（Jennifer Clapp）和彼得·道弗涅（Peter Dauvergne）在他们对全球环境的政治经济概况中所解释的那样，"政体和社会如何分配财富、人力和自然资源直接影响了我们如何管理地方、国家和全球范围内的环境。"也就是说，政治经济学的方法论将环境分析放在了更广阔的政治和经济学层面上。相较而言，战略制度论的方法论侧重于谈判和执行本身，而政治经济学的方法论则着眼于更广泛的社会、经济和政治环境。

政治经济学的学者们强调经济增长、资本主义和科技等因素的作用。在全球经济中，不断提高的生产力和不断增长的人口对环境造成了广泛的影响。然而，这些影响并不是直接起作用的，因为虽然经济活动的活跃会对环境造成负面影响，可财富的积累也足以让社会对环保进行投资。同样，国际贸易与环境也有着相互抵消的复杂影响。贸易使经济扩张，同时也引发"竞次"效应，政府会通过放宽环境法规来应对竞争的压力。然而，学者们也注意到了贸易渠道能帮助先进的政府传播它们严格的环保标准，如尾气排放标准，从而引发"竞优"效应。

通过探究上述问题，政治经济学方法论可就经济增长在环境层面上是否可持续，贸易自由化对全球环境是否构成威胁，以及国际经济机构应该如何处理环境问题等问题上提供深入见解。一些研究甚至采用了综合性的研究办法，列出了一个简短的清单，罗列了导致全球环境政治变化的重要因素。对于我的分析来说，在全球环境政治下，"南北政治经济"的研究成果尤为重要。这些研究关注了传统工业国和其他国家政府的不同偏好、意识形态和世界观。全球环境政治逐渐引起了国际社会的关注，1972 年在斯德哥尔摩举办的联合国人类环境会议上，当多边谈判正式开始时，"南北冲突"成了全球政治议程的重点。

当时，第三世界联盟试图在美国和苏联领导的意识形态集团之外寻求新的出路。1964 年，"南方联盟"在联合国贸易和发展会议（UNCTAD）上发表了《七十七国联合宣言》，由此成立了七十七国集团（G77）。许多落后国家的去殖民化运动引发了对世界经济一些基础性问题的质疑。二十世纪七十年代，发展中国家通过联合国贸易和发展会议呼吁建立国际经济新秩序（NIEO），要求国际社会监管跨国企业、尊重国家主权、支持初级商品供应商合作（如建立卡特尔）以及对原材料进行贸易保价，但是没有成功。不出意外，当时的"南北环境政治"格局反映了在国际经济秩序的规则、原则和规范等方面的许多"结构性"冲突。

学者们一直很关注这样的南北分裂局面。韦德·罗兰德（Wade Rowland）写过一篇关于斯德哥尔摩会议的十分优秀的案例研究，该研究表明了发展中国家从一开始就对环保工作抱有极大的怀疑。在国内环保人士和舆论的怂恿下，工业化国家的政府代表飞去了斯德哥尔摩，展现了它们愿意许下承诺的姿态，为全球环境合作奠定了基础。然而，其他国家的看法却截然不同，它们担心先进国家会过河拆桥，进而限制它们的经济发展。阿迪尔·纳贾姆（Adil Najam）在回顾发展中国家在全球环境谈判中的立场后解释说，"发展中国家的代表在会议秘书长莫里斯·斯特朗（Maurice Strong）的劝诱下十分不情愿地来到了斯德哥尔摩。他们质疑这个会议的必要性，觉得这是为了分散他们的注意力，并且威胁到了他们的利益……最重要的是，他们所抵触的不是会议本身，而是会议的目的，即环境问题作为全球优先事项的重要性。"

换句话说，全球南方国家首次在全球环境谈判中亮相，就摆出了一个准备好与对手战斗的姿态。南北两大阵营的侧重点不同。"发达国家希望解决臭氧层空洞、全球变暖、酸雨和森林砍伐等问题，而发展中国家则更希望探究发达国家的经济政策和发展中国家低迷的经济增长之间的关系。发展中国家的领导人坚持认为仅有环保措施是不够的，任何关于全球环境问题的协议都必须包括经济发展的措施。"

此后，这一研究方向不断拓展，它强调了强有力的政治团结、不断转变的立场以及贫穷国家在全球环境谈判中所面临的具体挑战（如种族和经济上的不平等待遇）。它还认识到，工业化国家并没有正面回应新兴经济体的崛起问题，而且现有迹象表明，发展中国家集团内部已经出现了分裂。还有研究显示，巴西、南非、印度和中国这四个重要的新兴经济体，虽然在气候变化的责任面前继续坚称自己是发展中国家，但它们已把自己和其他小国区分开来。

战略制度论和政治经济学的这两种方法论既不相互竞争，也并非毫无关联。前者并不注重经验中的变化，相反，它的动机是了解国际环境合作中政治障碍的性质，然后采取相应的措施来解决这些障碍。后者也试图理解全球环境政治的深层和核心特征，但是研究的重点从主权政府的战略思考转向了更广泛的层面，即当代国际政治经济是如何导致全球环境恶化的，以及如何通过结构变化建立一个可持续发展的全球社会。本书将有机结合这两种方法论。

关键假设

我提出了四个驱动因素，即：政府的结构性权力、政府的政策偏好、政府的制度能力、参与方数量。它们是全球环境政治的分析模型中的四大关键变量。鉴于我的论点是新兴经济体因其不断增长的影响力而成了全球环境政治的主要参与方，我所进行的思维试验是在每个政府的政策偏好和制度能力都不同的情况下，探究新的政府加入谈判的影响。

我关注的第一个要素是"结构性权力"。权力是一个很难被定义和衡量的概念，我所说的"结构性权力"专指在全球环境谈判中一个国家所拥有的资源、机会和弱点。其中包括了很多资产，大部分是有形资产，如财政资源和先进技术；还有无形资产，比如参与的政治或经济联盟。

在全球环境政治中，破坏力是最重要的权力来源。"破坏力"的概念基于这样一种理论，即对环境的总影响是人口、财富和技术的综合产物。这个概念特别强调未来，因为预防对未来的影响往往比减少对现在的影响来得容易。例如，如果一个国家已经建立起庞大的煤电厂体系，那关闭这些电厂的机会成本将会非常高；如果该国只是计划在未来建立煤电厂，那么叫停的机会成本会较低，因为尚未投入资金，不会因为机器寿命耗尽之前就关闭电厂而造成浪费。

在谈判的过程中，如果某个国家对谈判结果不满，且放言自己能对环境造成破坏，而且它的确有相应破坏力的话，那在谈判中，该国政府就能轻松令对方让步并取得有利的结果。这样的威胁力最直观的展示便是，只要政府不制定任何环保政策，就能对环境造成破坏，即一切照旧就足以破坏环境。某些国家的政策、项目和做法可能会约束随经济活动的活跃而带来的环境破坏，而掌控了这些政策、项目和做法的该国政府便能决定国际环境协作能否取得成功。

如果一个政府拥有这样的破坏力，那么这个政府一定掌控着能对环境造成负面影响的相应资源。其经济层面上的权力可能来自消费的增长。比如，如果一个国家的电力需求因工业化而迅速增长，那么该国政府就可以用建造大批煤电厂的计划来威胁其他国家。其权力的另一个来源是生产增长。如果全球对木材的需求增长，那么一个拥有丰富雨林资源的国家就可以用砍伐森林来要挟别的国家。

在实践中，各国政府通过多个渠道获得破坏力，其中最重要的两个渠道是自然资源和消费力。雨林和渔业等自然资源的分布变化缓慢。有些国家，如巴西和印度尼西亚，一直拥有着大自然的馈赠。尽管这些馈赠正在减少，但减少速度却很缓慢。另一方面，人口的规模、财富和技术决定了国家的消费力。新兴经济体日益增长的消费潜力推动了全球环境政治局势的转变。

在资本密集型的经济活动中，破坏力的重要性尤为突出。史蒂文·J. 戴维斯（Steven J. Davis）和罗伯特·H. 索科洛（Robert H. Socolow）研究了煤电厂的案例，发现在印度等经济体中，这样的煤电厂体系一旦建立，那这些国家在今后数十年间都将依赖煤炭资源。这些国家若是为了满足未来增长的用电需求而计划建造更多的煤电厂，那它们的破坏力也会随之提升。像印度这样的大国一旦有了建造煤电厂的计划，那其他国家就需要担心其未来的使用情况了。

仅仅拥有经济上的破坏力是不够的，想要真正威胁到其他国家，该国就必须拥有对环境的破坏力。即使一个国家在理论上能建造大批的煤电厂或大量砍伐雨林，但当其他国家政府知道这么做不会给该国政府带来任何好处时，这种威胁便不足为惧了。在传统的谈判模型，譬如纳什谈判模型（Nash Bargaining Model）中，谈判者在未达成协议的情况下损失越小，就越能在谈判中获得好结果。在全球环境政治中，以污染和损耗为代价，使用自然资源和廉价能源带来的经济收益会使谈判破裂，造成严重的后果，从而赋予政府破坏力。

同样，"保护力"也是政府的重要特征。拥有繁荣经济和丰富的财政和技术资源的国家，如果用自己的资源来减轻污染、节约自然资源和减少浪费，就会对全球环境产生积极的影响。因此，尽管经济和人口的快速增长通常会提升国家的破坏力，但它们也有助于该国提升对环境的保护力。一个很典型的例子就是发达国家可以选择发电资源：投资燃煤发电会带来破坏力，而支持清洁技术革新则会带来保护力。

然而在实践中，新兴经济体的破坏力的增长远快于保护力的增长。当能源和资源消耗全面上涨时，破坏力会自发地呈线性升高，而保护力只在特定的情况下才会得到提升，比如拥有清洁技术，环保意识迅速觉醒，或者像我们之后将讨论的那样，制度能力提升时。要理解二十一世纪新兴经济体世界下的全球环境政治，比起理解充满不确定性的保护力的增长，理解不断增长的破坏力无疑更为重要。

　　我关注的第二个要素是政府的"偏好"，它指的是每个政府对不同政策组合的优先排序以及随之产生的结果。这些组合不仅包括了该政府自己的政策，还包括了别国的政策。除了环境政策，任何"议题连接"，如补偿付款，都是排序的一部分。我将政策组合排序"产生的结果"纳入"偏好"的定义，是为了确保企业和民间社会团体等其他机构也能被一并考虑。为了方便起见，我将假设每个政府都有一套固定不变的排序，并且将官僚政治等因素排除在外。

　　我们假设政府都是利己的。它们的偏好排序不仅反映了其意识形态上的偏好，比如印度第一任总理尼赫鲁就坚信中央规划的好处，还反映了它们对政治生存的考虑。政治生存是尤为重要的因素，因为政府不一定会考虑意识形态的问题，但每个政府都绕不开政治问题。政治生存也是一种机制，通过这种机制，利益集团、生态活动家和公众舆论可以塑造政府的政策和谈判立场。

　　偏好是多元的，过往的经验表明，工业化国家和发展中国家在政治及环境的权衡上一直存在较大的分歧。虽然这些分歧很复杂，但新兴经济体政府将经济增长作为首要目标，为达目标甚至不惜牺牲环境的可持续发展，这是不争的事实。当然工业化国家也很看重经济发展，但它们的国民更愿意为环境质量买单。在任何情况下，环境保护都不会制约服务型经济的增长——哪怕公众不怎么关心环境问题，与商品出口型或是重工业型经济相比，服务型经济的增长对环境的依赖并不高。

　　在解释这些差异以及变化的性质方面，一个经典理论是"环境库兹涅茨曲线"（Environmental Kuznets Curve）。

　　根据这一理论，经济发展在一开始会使环境污染大幅提升，因为工业化扩大了经济活动的规模，而肩负起增长责任的往往是那些较为"肮脏"的产业。之后随着时间的推移，清洁技术、向服务型经济转型以及反映了大众需求的环保政策的实施会使污染慢慢减少。日本和韩国的惊人崛起就遵循了上述发展轨迹，完成了从农业到重工业再到服务业与创新经济的转型。它们的污染水平先是迅速上升，但随着新技术、环境政策和重工业经济的转型，其污染水平又再次回到了低水平。

　　然而最近的研究结果表明，实际情况比环境库兹涅茨曲线更复杂。达斯古普塔（Biplab Dasgupta）等学者认为，政府在治理经济增长带来的环境污染中扮演了至关重要的角色。阿克林（Michael Aklin）在开放经济的前提下重新研究了环境库兹涅茨曲线。他指出，与二氧化硫等地方性污染物相比，二氧化碳这种看不见且对当地影响较小的全球性污染物似乎与曲线的贴合度并不高。卡尔森（Richard T. Carson）也指出，我们并不能通过数据将"收入"和"环境"直接联系在一起："对于观测到的数据，更合理的解释应该围绕着有能力的政府、有效的监管和技术革新的传播来展开。这些特征通常会出现在高收入的国家，使人们认为随着一个社会变得富裕，它可能会，而不是一定会，选择减少污染。"

　　的确，除了经济发展，不同国家对于环保成效的偏好，以及为了改善环境愿意付出的代价，取决于很多因素。斯普林兹

（Detlef Sprinz）和凡托兰塔（Tapani Vaahtoranta）对环境谈判中各国的立场展开了一场经典的讨论，强调了环保行动的成本和收益的平衡是关键：那些面临着高减排成本但从环境保护中获益极低的国家，比起那些低投入高收益的国家，倾向于不采取行动。环境保护的收益取决于环境问题对经济活动、公共健康、生活品质以及大众和精英阶层看重的其他资产的影响程度，环保成本则取决于减排技术和经济结构等因素。以气候变化为例，可再生能源发电成本的下降，即低碳的电力来源的应用，引起了全球各国对可再生能源政策的兴趣。然而，那些严重依赖化石燃料且几乎没有清洁替代品的国家，由于成本原因仍然在抵制减缓气候变化的运动。

成本和效益的基本经济逻辑被政治因素左右。奥耶（Kenneth A. Oye）和麦克斯韦（James H. Maxwell）研究了企业对环境政策的偏好，他们发现大企业有时会支持那些阻止其他企业进入市场，或者迫使竞争对手提高成本的环境政策。二十世纪八十年代当臭氧层空洞在全球范围内引起恐慌时，化工产业的领头羊们支持制定法规，将氟氯化碳（CFC）的生产商逐出市场，并为大型企业创造科技创新的获利机会。同样，虽然很多环保主义者反对核电，但核工业一直对改善气候变化的政策持积极态度，因为核电是一种低碳能源。

这项研究表明新兴经济体不需要被困在一个低效益的经济均衡里。随着时间的推移，经济结构、公众舆论、技术和政策的进步可以使新兴经济体逐步走上可持续发展的道路。正如我将展示的那样，过往的经验告诉我们新兴经济体之间存在着相当大的异质性，其中一些国家已开始萌生更强的环保偏好。总体来说，新兴经济体还有一段很长的路要走。

历史经验也在很大程度上塑造了政府的偏好。在全球环境政治中，长期处在殖民主义和帝国主义剥削之下的落后国家一开始对合作抱着极大的怀疑态度。虽然之后这样的担忧逐渐消失，但国与国之间的不平等仍然存在。在国内和国际政治中，种族和阶级仍决定着环保获益和污染责任的划分。直到今天，过往惨痛的教训仍被新兴经济体铭记于心，降低了其对工业化国家主导的环保议程的兴趣。

对于工业化国家来说，关键的挑战在于为其他国家花钱。虽然工业化国家的环保意识水平高于新兴经济体，但其民众普遍反对向其他国家提供资源。即使是环境意识水平高的民众，往往也不愿意去支持别国的减排活动，而宁愿把钱花在国内的事务上。在政治领导人为民族主义摇旗呐喊并反对国际合作的时期，这样的情况尤为严重。这种国内的偏见给全球环境合作带来了巨大的障碍，利用补偿付款鼓励新兴经济体和相对落后国家采取行动的战略执行起来将变得困难。

我关注的第三个，也是最重要的要素是"制度能力"。"制度能力"体现了政府的制度执行能力——无论是它已经颁布的政策，还是它希望颁布的政策。格林德尔（Merilee Grindle）和希尔德布兰德（Mary E. Hilderbrand）将"能力"定义为"有效、高效和可持续地执行恰当任务的本领"。"有效"指实现目标，"高效"指以较低的成本实现目标,"可持续"指达成的成就能长期维持下去。他们认为制度能力有五个重要的方面:行动环境、制度背景、相关人员网络、组织结构和人力资源的质量。因此,制度能力不只是解决预算和培训的问题那么简单,而是在一系列限制和机会中实现有效、高效和可持续的政策。

尽管有这些复杂的因素,但在符合政府的政治利益的事务上,制度能力却能精准地反映出政府塑造社会的能力。正如范迪维尔(Stacy D. VanDeveer)和达贝尔科(Geoffrey D. Dabelko)所说的,"在国际环境合作的理论和实践层面上,由于政府缺乏能力(或是才能)履行国际承诺而引发的问题无处不在……有人可能会问,如果各方缺乏遵守条约的能力,那么国际条约又能给环境带来什么好处呢?"在这里,制度能力限制了环境条约对各国行为的影响力。如果政府根本无法实施减少环境破坏的政策,那么对于它们故意不遵守条约的行为也就没有探讨的意义了。

以系统的方式衡量制度能力,要比衡量我所说的模型里的其他要素难。比如,在休斯(Llewelyn Hughes)和乌尔佩拉(Johannes Urpelainen)对与能源有关的气候政策的制度能力进行分析时,他们考察了部门机构的存在和特点,比如国家环境部。这里的制度能力取决于部门是否做好了实施不同政策,以达到政府政策目标的准备。然而,在一个更全面的全球环境政治方法论中,我们必须从多个角度去考虑官僚机构的能力,譬如制定有效的社会政策的能力,因为它对于处理环境政策对贫穷和弱势社区的负面影响至关重要。

对二十世纪七十年代石油危机政策和能源部门的气候政策的研究表明，制度能力的不同在很大程度上解释了工业化国家政府选择其政策方式的差异，尽管其影响并不总是直接的。比如，工业化国家对石油危机不同的处理方式取决于国家制定和实施多种政策的能力。作为一个"生产者"，法国政府选择加强对能源部门的直接控制；而作为一个"促进者"，美国政府只是放开了价格控制。在休斯-乌尔佩拉模型（the Hughes and Urpelainen model）中，制度能力同样决定了比起简单的补贴政策，民主政府会使用监管手段来减少能源部门的碳排放量，一些国家的案例研究便证实了这一点。

尽管所有工业化国家的能力都达到了相当高的水平，它们的"制度能力"仍存在细微差别。它们有能力去建立法律体系和秩序、收税、投资基础设施，并为其公民提供社保和医保。在上述研究中看到的差异是细微的，并且本质上是部门间的差异。相比之下，在研究新兴经济体时，我们不能假设其政府也具有高水平的制度能力，因为制度能力的缺失是它们一直以来的痛点。在许多情况下，因为它们在防止犯罪和暴力、征税以及为经济活动而建设基础设施方面的能力不足，国家丧失了经济发展的机会。在国家环境政策和条约执行方面，该问题尤为严重，因为这些政策对于新兴经济体政府来说是一个相对较新的领域。

本书不会探究制度能力的起源，但通过比较政治学的文献，读者或许能就"为什么有些国家的制度比其他国家强大"获取一些有用的见解。一种说法强调了地理因素，比如人口密度和地形。高人口密度和便于运输的地形有助于国家建立基础设施并更有效地控制人口。

另一种说法强调了文化的历史根源，主张建立制度能力需要很长的一段时间，也许是几个世纪，甚至是几千年，而拥有悠久建设历史的国家地区往往比国际新成员表现得要好。许多新兴经济体在殖民主义的桎梏下挣扎了几个世纪，失去了宝贵的时间去建立自己的制度。学者们还调查了近现代政治家投资国家制度能力的动机，并指出建立一个强大且运作良好的官僚机构可以约束统治者的权力。这里的关键在于，制度能力的匮乏并不是能源和环境领域所独有的，而是许多未能继承韦伯式官僚机构的发展中国家在很多方面会面临的限制与挑战。制度能力的缺失并不能归咎于政府对可持续发展缺乏兴趣，它实际上是一个贯穿经济和社会各部门的普遍问题。

很可惜的是，直接照搬工业化国家的制度结构还不足以解决发展中国家制度能力不足的问题。正如安德鲁斯（Matt Andrews）、普里切特（Lant Pritchett）和伍尔科克（Michael Woolcock）指出的那样，这种"制度同构"（institutional isomorphism），即复制其他地方的成功模式的趋势，很难真正解决问题。适用于和平、繁荣且组织良好的瑞典社会的制度形式，可能对充满动荡和暴力的阿富汗毫无效果。一味模仿工业化国家的"最佳举措"甚至可能适得其反，因为本就紧张的资源可能被浪费在构建不适合当地需求的行政系统上。奥斯特罗姆（Elinor Ostrom）、詹森（Marco A.

Janssen）和安德瑞斯（John M. Anderies）在研究适用于解决公地悲剧的地方制度时提到，本土状况的多样化意味着追求万能药，即全球最佳实践方式，是徒劳的。

就环境政策而言，西方的制度正在向外扩散，这是不争的事实。阿克林和乌尔佩拉提供了全球范围内环境部门正如雨后春笋般出现的量化证据，魏德纳（Helmut Weidner）和贾尼克（Martin Jänicke）编辑的书中提到了西方的环境制度和政策正在慢慢进入新兴经济体中。然而这些新机构能否有效阻止环境恶化，仍然存疑。虽然阿克林和乌尔佩拉发现，设立环境部门后污染水平的确有所下降，但他们只比较了有环境部门的国家和没有环境部门的国家的情况。这是一个非常低的标准，因为那些至今还没有设立环境部门的政府，其统治一定是千疮百孔的。魏德纳和贾尼克甚至没有试着将环境制度化和污染、资源枯竭等环境问题联系起来。

为了深入理解环境制度化和环保的关系，让我们来看几个例子。第一个例子是印度地下水枯竭问题。正如萨阿（Tushaar Shah）在他对南亚地下水管理状况的概述中所指出的一样，印度的地下水资源正在以令人担忧的速度枯竭。电泵的普及使得人们从越来越深的井中过度抽取地下水用于灌溉。虽然"绿色革命"给印度带来了高产的植物品种，从而使农业生产力得到了巨大的提升，但它也大大地增加了灌溉的需求。正如阿·纳拉亚纳莫西（A Narayanamoorthy）在讨论"印度的地下水繁荣"中所指出的一样，印度全国 14% 的地下水区域"被列为过度开发区域"，其中 90% 的区域集中在六个邦里。

　　为了满足灌溉需求，印度的许多邦决定大力补贴农民用电，这也是导致地下水位迅速下降的一个重要原因。如果用现金补贴代替电力补贴，则可以维持农民的收入水平并且避免地下水枯竭的公地悲剧，可惜印度的政策制定者们还没有找到转变政策的可行方案。另外，就像维克多指出的，对于政策制定者来说，规范价格要比打造一个可靠、有效且预防滥用的现金支付系统简单得多。制度能力的匮乏阻碍了政策的改变，而政策的改变本是可以在未来为印度的庞大人口带来好处的。

　　即使像巴西这样的中等收入国家，其环境政策也因制度能力的缺乏而受到限制。在卫星监测技术取得突破之前，巴西联邦和州政府甚至很难监测到森林砍伐发生在何处。内普斯塔德（Daniel Nepstad）等学者称，直到2004年巴西政府才启用了一个名为"森林砍伐实时监测"（DETER）的卫星系统，通过它来随时监测森林砍伐情况。可就算砍伐森林的恶行被及时探测到，在市级行政区域内执行禁止毁林的政策对亚马孙一带的贫困城市也是一个问题。西斯内罗斯（Élias Cisneros）、哈格雷夫（Jorge Hargrave）和基斯–卡托斯（Krisztina Kis-Katos）指出，在巴西亚马孙地区，市政的腐败导致了森林砍伐行为的加剧。

　　另一个例子是濒危物种和有害废物的交易。尽管1973年签订的《濒危野生动植物种国际贸易公约》（CITES）及其相关协议为防止利用濒危物种牟取经济利益建立了一个立法框架，但事实证明，在经济困难国家想要禁止偷猎和买卖这些物种是十分困难的。在对该公约的执行情况进行的研究中，里夫（Rosalind

Reeve）发现，违规行为的猖獗往往与国家层面的制度能力的缺失有关。比如，国家层面上的制度缺陷重点体现在，除了少数几个自愿成立野生动物保护法执法单位的国家外，其他国家都缺乏这样的执法机构。现有的科学和管理机构在能力、资金和权限方面都存在着巨大的差异。由于禁止濒危物种的非法贸易需要打击偷猎行为或对海关施行控制，国家制度能力显然在执行这一全球环境条约上发挥着关键作用。

同样，1989年签订的《控制危险废物越境转移及其处置巴塞尔公约》（简称《巴塞尔公约》）也提到了制度能力问题并设法解决它。非法商人将有害废物出口到发展中国家，而这些国家缺乏执行禁止倾倒的法规的能力，因此有必要制定一项多边条约来解决这个问题。同时，由于执行禁止倾倒的条约需要制度能力的支持，公约也尤其强调废物进口国的制度能力建设。马尔库（Christopher Marcoux）和乌尔佩拉发现，发展中国家薄弱的监管能力预示着它们虽然会批准禁止废物倾倒的《巴塞尔公约》，但对之后出台的禁止有害废物交易的公约修正案，发展中国家很难表示支持。

当新兴经济体无法控制自己对外部环境的影响时，它们的政府在谈判中的角色也随之转变了。与传统谈判不同的是，它们在谈判桌上不再提出要求和承诺，而是强调它们的破坏力，以及在没有发达国家的财政和技术援助的情况下，它们没有能力去阻止破坏的发生。"南北谈判"的这一特点对于理解当今全球环境政治的走向尤为重要。

长远来看，制度能力和破坏力是相辅相成的，因为制度在创造经济增长上起着关键作用。然而在中短期内，制度能力的增长可能会落后于经济的增长。国际商品的价格、人口变化、外资、公共投资、发展援助和全球经济繁荣都可以让国家在制度存在缺陷的情况下继续发展。此外，各国往往通过治标不治本的方法来暂时克服制度问题以实现增长，如 1991 年前的印度政府的许可证制度^①，并没有真正提高它们执行能源与环境政策的能力。因此，别期待一个国家的制度能力在短期内会随着其经济的增长而自动提升。一个国家如果没有健全的制度，想要成为一个成熟的创新型经济体，这似乎是天方夜谭，但一个国家不需要成为创新领域的领导者，就能有足够的破坏力。那些在工业化进程中突飞猛进，但在先进技术方面表现不佳的国家，存在着根本的制度缺陷，具有巨大的破坏力。

此外，国内政治状况会进一步放大制度能力的重要性。当制度能力不足时，政府便有了不作为的借口，一个制度能力有限的政府可以选择不对环保产业进行投资，然后将环境破坏归咎于执行方面的问题。因此，制度能力的不足关乎环境偏好和结构性权力，政府可以通过利用其能力不足的事实来掩饰它们真正的环境偏好。这会反过来放大结构性权力对谈判结果的影响。一个拥有大量结构性权力的政府，如果制度能力不足就会变得非常危险，

---

① 指政府对市场活动实施超级管制，样样要许可证，事事要审批。——译者注

因为它若无法阻止环境恶化，我们并无法确定这是它的主观选择还是客观上无法避免。

　　最后，我关注的第四个要素是"参与方数量"。它是一个系统性特征，指的是有足够的破坏力来影响谈判结果的政府的数量。尽管今天约有两百个主权国家，但它们中的大多数与环境谈判没有直接的关系。只有那些经济达到一定规模或规模不断扩大，愿意为环保事业付出，或是掌控着雨林或渔业等特殊自然资源的国家会在谈判中发挥重要作用。在某些情况下，一些受到直接威胁的国家，如气候变化问题下的低海拔岛国，也会积极参与谈判。

　　虽然准确计算参与方的数量是很难的，但对于每个议题，我们可以计算一个估值。第一步是将国家按照破坏力排序，任何有足够破坏力，能对环境结果产生实质性影响的国家都是参与方。在剩下的国家中，我们需要调查它们是否拥有其他相关资源，其中最重要的是"补偿付款"或"议题连接"的能力。哪怕一个政府没有足够的破坏力，只要它有财政资源，或在其他领域的结构性权力，也可以成为一个重要的参与方。例如，如果一个斯堪的纳维亚国家愿意为了保护雨林而付出，那它即使不拥有雨林，在雨林相关的谈判中它也是重要的参与方。

　　让我们以臭氧层空洞的议题为例。我们可以通过观察几个经济基本要素来粗略估算任何时候该议题的参与方数量。关于臭氧层空洞的谈判始于二十世纪七十年代末，主要由欧美国家主导，因为85%的氢氯氟烃市场处于美国和欧盟国家的控制之下。除了这两个阵营，包括中国和印度在内的几个主要发展中国家扮演了次要的角色，因为它们在未来有可能消耗臭氧。按照这个逻辑，其他国家，包括当时的苏联和日本，并没有参与谈判的必要。正如霍夫曼（Matthew J. Hoffmann）所说的，"臭氧层空洞的问题并不需要每个国家都参与。"因此我们得出结论，该谈判的参与方数量很少，特别是当我们把欧盟看作一个整体时。

全球环境政治中的政治经济学

在上述这些假设下，我们现在来讨论国际政治经济和全球环境政治的关系。我将预测结构性权力和参与方数量的改变对环境政策、协议和结果带来的影响。新兴经济体在环保意愿较弱和制度能力有限的情况下，不断增长的破坏力会促使一些重要的预测结果之间互相影响。

图 1.1 阐释了该论点的基本逻辑。图中的矩形代表国家，矩形的大小代表了国家的破坏力大小，而颜色则代表了该国家的环境态度偏好：颜色越深，环保意愿越强。矩形内的数字代表了每个国家的制度能力：从 1 到 100，数字越大表示能力越强。

这样一来，针对任何时间点的任何全球环境问题，其中四个变量的值都能通过该图得以展示。矩形的个数代表了对谈判结果有着重大影响的参与方的数量，矩形的大小则代表了相应的议价能力。矩形的颜色和矩形内的数字展示了环境偏好和制度能力的分布情况。这四个因素的组合构成了我对二十世纪和二十一世纪

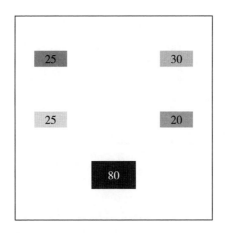

图1.1　影响全球环境政治的基本要素

全球环境政治的分析模型。

　　首先，结构性权力决定了国家的环境偏好是否能成功转化为最终的谈判结果，即拥有较多结构性权力的国家能够确保谈判结果符合它们的偏好。如果某个国家的行为对实现好的环境结果至关重要，那么它可以期望其他国家做出更多让步和努力。如果这个政府本身就认为全球环境保护十分重要，那么它可以做出相当大的让步来换取其他政府的类似努力。如果它对好的全球环境结果不感兴趣，那它可以转而关注"议题连接"和"补偿付款"这两个谈判手段。总之，在任何情况下，结构性权力都是回答政治学核心问题——"谁获得了什么？"的关键因素之一。

　　现在我们来看"偏好"。粗略来说，可以把谈判理解为拥有不同的环境偏好的政府之间的相互作用。拥有强烈环保意愿的政府希望在谈判中达成协议，并设法劝诱那些不太感兴趣的政府一起参与行动。另一方面，环保意愿较弱的政府主要关心的是如何避免做出代价高昂的环保承诺，以及如何就自己为环保付出的努力获得补偿付款。因此，一个国家的环境偏好其实取决于在国际条约下由该国政府汇总和加权而得出的环保支出与收益的平衡点。环境偏好强的国家野心勃勃，愿意为环保成效付出较高的成本；环境偏好弱的国家，除非成本很低，否则会倾向于反对这些雄心壮志的行为。

尽管不同国家的环境偏好差异巨大，但政府的谈判地位——不论是议题连接、补偿付款还是其他努力——首先取决于它是否愿意做出让步以换取其他政府为保护环境付出的努力。从这个角度来说，全球环境谈判的分配结果可以被视为各方所做出的一些保护环境的承诺和一系列附带的资源转移（能够让环保意愿较弱的国家获益的议题连接和补偿付款）。

最后，制度能力的不同将整个系统变得更加复杂。如果一个政府的制度能力较弱，那么其议价和执行的能力也会产生变化。在议价阶段，制度能力的不足意味着该国政府可以请求国际帮助，并将压力给到有着强烈环境偏好的国家。这样的请求让别的国家很难拒绝，因为这反映的是能力上的缺失，而不是简单的贪婪和物质利益最大化。

在执行阶段，制度能力的不足会使执行工作复杂化，并间接影响到国家的参与。除非政府找到了提升制度能力的办法，否则（非故意的）不守规的情况就会频繁发生。在国际关系中，阿布拉姆·查耶斯（Abram Chayes）和安东尼亚·查耶斯（Antonia

Handler Chayes）认为比起故意反叛，制度能力的缺乏才是一些参与国不遵守条约的核心原因。即使政府想要履行其条约义务，且明白不守约会威胁在条约下自身未来的利益，比如丧失丰厚的补偿付款和议题连接等补偿，制度能力的不足仍然会拖它们的后腿，让它们无法有效实施政策以达到预期的效果。

各有特点的新参与方

我们现在来看看各有特点的新参与方。正如之前提到的，当它们的结构性权力达到了能让它们在谈判中占据一席之地的水平时，这些政府就会被邀请加入谈判。新兴经济体的结构性权力的增长主要体现在它们破坏力的增长上。

在系统层面上，参与方的数量决定了个体和集体的谈判结果。随着参与方的增加，可能达成的交易类型也在增加。哪怕我们只考虑环境偏好这一个因素，根据不同的责任划分也会产生不同数量的交易方案。同样重要的是，吸引参与方和制定强制执行条约的难度也会越来越大。随着越来越多的国家在谈判中发挥重要作用，单一国家发挥决定性作用的情况也在减少，因此，单一国家有动力去规避代价高昂的个体行动，更倾向于让其他国家来承担责任。当每个国家都这么做时，现存的环境问题就会一直得不到解决。

尽管如此，环境偏好强的国家的加入与环境偏好弱的国家的加入还是会带来截然不同的结果。当后者加入时，签约的难度增加，参与和执行的过程都变得更加复杂。如前所述，因为环境偏好弱的国家对追求好的集体环境结果并不感兴趣，所以将它们纳入系统会使环境偏好强的国家面临更大的压力，因为它们需要提供丰厚的补偿付款和更多议题连接的机会。环境偏好强的国家不仅需要面对有限的政治资源和国内的约束，出于谈判技巧的考虑，它们本身也会淡化向其他国家让步的意愿。因此，环境偏好弱的国家的数量与谈判的难度是息息相关的。

然而，当环境偏好强的国家加入时，对谈判结果的影响却并不明显。一方面，谈判的复杂性会增加，在"参与"和"执行"的集体行动中，出现的问题也变得更难应付。在处理全球环境问题及其相关领域的外部因素时，环保意愿强的国家也有搭便车的动机。同时，强意愿国家愿意且有能力为弱意愿国家提供资源，以保证其参与和遵守条约。随着强意愿国家数量的上升，它们向弱意愿国家做出让步的集体能力也在提升，但它们会受限于集体行动在向他人做出让步时固有的困难，即每个潜在的捐赠者都希望它们的队友能承担更大份额的付出。

另一个重要的相关事项是制度能力的调节作用。当新国家加入时，它的制度能力在塑造国家政策、谈判结果和环境政策方面发挥了重要的作用。拥有强大制度能力的政府，只要它愿意，就可以通过有效的政策应对它所面临的环境问题，也可以兑现其条约承诺。

另一方面，一个拥有强大破坏力但缺乏足够的制度能力的政府是令人担忧的。这样的政府可能单纯因为无能或是缺乏资源而无法阻止环境被破坏。制度能力的缺失甚至会使一个国家的威胁力（以破坏力为基石）变得真实可信。一个没有制度能力的国家无法有效阻止破坏，所以除非其他国家或是外部力量介入，帮助其缓解和减少破坏，否则该国家的破坏力可能会转化成对环境的实际破坏。这种外部支持会反过来提高该国的议价能力。薄弱的制度能力可以帮助一个国家获得其他国家的让步，能力的缺乏能促成外部支持和资源转入。

在一项让发展中国家参与气候治理的提议中，维克多提出了"气候加入协议"，以解决环境偏好、制度能力和破坏力之间的相互作用。正如他所解释的一样：

> "到目前为止，那些国家几乎都拒绝了就减缓温室气体排放的增长做出承诺，原因有二。首先，其中的大多数国家都更重视经济增长——这远比在遥远的未来获得全球环境利益来得紧要。即使是那些已经表明打算减排的国家，它们提出的政策也与为了促进经济发展而采取的政策没什么区别。其次，即使是规模巨大且经济增速极快的国家的政府，可能也没有足够的行政能力来控制国内许多部门的排放量。即使中央政府制定了控制排放的政策，也不能保证企业和地方政府能够遵循。"

意识到利益分歧和能力不足的双重问题后，维克多建议工业化国家向新兴经济体提供的条约，应该是有益于新兴经济体自已提出的项目和政策的，比如为其提供技术和资金支持。这样一来，工业化国家的政府就可以对新兴经济体的政府面对的挑战时刻保持警惕，同时施行具体的激励措施。虽然越来越多的新兴经济体已经接受了可再生资源等低碳方案，但它们仍将经济发展的排位置于减缓气候变化之前。它们强调发达国家的人均排放量远超自己，并且其对大气的污染已经持续好几个世纪了。

由此，结构性权力和其他国家层面的变量之间最重要的相互作用可以归结为以下两点：

● 低环境偏好放大了新兴经济体日益增长的结构性权力（尤其是破坏力）对个体议价能力（＋）、合作可能性及深度（－）的影响；

● 低制度能力放大了新兴经济体日益增长的结构性权力（尤其是破坏力）对个体议价能力（＋）、合作可能性及深度（－）的影响。

结构性权力的增长，以及由此造成的参与方数量的增加，这些变化本身并不重要。不断增长的结构性权力如果有强烈的环保意愿和足够的制度能力作为支撑，那么管理具有破坏力的新参与方将会变得相对容易。政府可以对环境保护进行投资，并凭借其执行力取得成功。关键挑战在于，当日益强大的新兴经济体无意全身心投入环境合作，并且缺乏执行政策的制度能力时，应该如何达成合作。这些新兴经济体无法下定决心将稀缺资源投资于环境保护，因为即使它们决定投资，也可能由于执行上的失败而无法实现它们的目标。

最后，我们需要考虑制度能力和环境偏好之间的相互作用。一个具有强烈环境偏好但制度能力薄弱的政府是一个理想的补偿付款或援助的对象，因为其他政府可以相信它会将任何可用的资源用在合适的地方。这样的政府对环保很感兴趣，其他政府可以相信它会真心诚意地执行相应政策，通过补偿付款和援助帮助它消除能力限制。

更糟糕的情况是一个国家环境偏好不强，制度能力也不强。这样的国家既不愿意也没有能力去保护环境，所以利用补偿付款的手段来劝其签约是十分困难的。即使这样的政府通过谈判签订协议，对自身的制度能力进行投资以换取外部支持——无论是技术还是资金支援——该政府都可能将这些资源用于其他的用途，而不是用于环境保护的制度能力建设。

发达国家所面临的挑战是非常艰巨的。一方面，我们已经看到了其国内舆论反对政府向其他国家转让资源，无论这个国家对环境的态度有多么积极。另一方面，许多新兴经济体的环保意愿仍然很薄弱，这意味着：只有大额的补偿支付才能够敲定协议，而且补偿支付可能被该国政府用于别的用途。出于政治原因，发达国家政府在支付可能被挪用的大额补偿付款时会犹豫不决。因此，工业化国家的国内政治限制和新兴经济体薄弱的环境偏好相结合，使得使用"补偿付款"的手段成为全球环境谈判中的一大挑战。

到目前为止，我关注的是国家层面的变量和它们之间的相互作用。然而，要合理应用这个模型，我们还需要考虑手头问题的性质。在此我区分了两种典型的情况：狭义问题和广义问题。在狭义问题中，现存的环境问题源于特定部门的行为，比如特定化学品的使用或特定产品的生产过程。在广义问题中，环境问题源于贯穿整个经济领域的行为，比如能源的使用或对土地清理的需求。

在狭义的问题上，谈判者们往往能找到创造性的解决方案以规避新兴经济体崛起带来的政治难题。当手头的问题有一个特定的起源时，解决问题所需的行为调整就仅限于解决这个特定的起源。即使偏好不同并且制度能力有限，谈判者们对简单且直接的政策的有效性还是可以抱有信心的，比如禁止开发或使用某种特定的产品。如果一些政府担心这些解决方案的成本太过高昂，通过"特殊处理"、"逐步淘汰"或者"直接补偿"等方式来补偿它们的损失并不难。

但当手头的问题是一个广义的问题时，新兴经济体的崛起就给谈判带来了极大的困难。多个部门的社会经济行为模式本就带有复杂的溢出效应和一般均衡理论效应①，要改变它们更是既困难又昂贵。基于不同的偏好和国家层面的制度能力的严重限制，

---

① 一般均衡理论（General Equilibrium Theory）是经济学中的一种分析方法。它假设一个社会中的任何一种商品或者生产要素的供求，不仅取决于其本身的价格，同时也取决于其他所有商品和生产要素的供求与价格。——译者注

找到一个有效且双方同意的解决方法是很难的；如果再考虑到对激励政策的要求和守约能力等因素，困难就会进一步被放大。从这个意义上来说，新兴经济体的崛起使谈判大幅复杂化，尤其是面对广义问题时。以上这一观察结果并未违背分析模型，因为在环境层面上，新兴经济体崛起的意义主要在于广义的问题，譬如能源和土地利用，而不是具体部门的挑战。

简单和复杂的情况

全球环境政治的发展在本质上是一个关于新兴经济体角色变化的故事。为了理解这些变化，我构建了两种情况：一种简单的情况和一种复杂的情况。在简单的情况中，具有破坏力的参与方数量较少，它们的环境偏好和制度能力也较强。在复杂的情况中，具有破坏力的参与方数量较多，其中许多国家的环境偏好较弱，并且缺乏制度能力。

在二十世纪，这两种情况都很常见。在由能源和资源消耗驱动的全球环境问题的谈判中，由于工业化国家主导了谈判，情况往往不复杂。相反，那些围绕着雨林等自然资源展开的谈判却很复杂，因为谈判桌前的许多国家都是环境偏好不强且制度能力有限的发展中国家。

到了二十一世纪，绝大多数的全球环境谈判都呈现出复杂的局面。新兴经济体的破坏力已大大增强，无论它们是否拥有自然资源，它们都是谈判中的关键角色。因为这些国家的环境偏好和制度能力仍然相对薄弱，它们拥有的破坏力在全球环境政治中产生了消极的结果。这些新兴经济体不愿意在环境保护方面进行投资，而工业化国家又无法积累足够的资源以补偿合作带来的产能限制。

图1.2对上述两种情况的结构进行了总结。左边呈现的是简单情况的结构样式图，参与方较少，拥有最大破坏力的国家同时也拥有较强的环境偏好和制度能力。有些国家的环境偏好较弱，但它们的破坏力不强。它们的制度能力也很有限，但由于破坏力不大，其制度能力和全球环境的关联性也不大，所以并不构成威胁。这样一来，全球环境谈判的核心就变成了一小群环境偏好相似且具备足够的制度能力，能有效执行和监管条约的国家之间的讨价还价。图右呈现的是一个更具挑战性的问题结构。参与方的

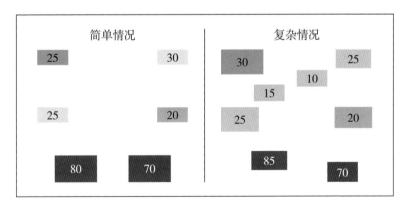

图1.2　全球环境政治中的两种情况

注：图中比较了全球环境政治中的简单情况和复杂情况。关键变化在于随着破坏能力的增长，越来越多的国家加入了谈判。从左到右，参与方的数量增加，破坏力的分布也更加均匀。在这样的情况下，制度能力和环境偏好不再与破坏力高度相关。

数量增加了，破坏力的分布也更加均匀。更重要的是，环境偏好较弱且制度能力较低的国家，其数量和破坏力都显著提升。

在这些谈判中，具有强烈环境偏好的政府之间继续进行交易，但由于需要考虑到新参与方的利益，交易受到了限制。因为参与方的数量增加了，需要通过更复杂的交易才能取得实质性的谈判成果。只有越来越多的政府加入且遵守条约才能实现有效的环境合作，这降低了合作成功的可能性。因为新加入的政府的环境偏好和制度能力较弱，它们需要发达国家的积极配合，无奈自身的兑现能力又很有限，这进一步增加了全球环境合作的难度。因此，在其他条件不变的情况下，二十一世纪的全球环境政治的局面比二十世纪的局面更不利于合作的展开。

二十世纪时，这两种类型的全球环境谈判都出现过。有些问题相对简单，比如臭氧层空洞和跨国境的空气污染，因为拥有破坏力的关键参与方绝大多数都是工业化国家。另一些问题，如森林砍伐，就很难解决，因为这些自然资源由发展中国家所掌控。因此，谈判从一开始就基于"南北政治"的逻辑展开。到了二十一世纪，复杂的情况会比简单的情况更常见。

简单情况和复杂情况之间的核心区别之一便是签订全球环境条约的难度。在简单情况下，数量较少，具有较高环境偏好的缔约方，在大多数情况下，能够顺利找到解决臭氧层空洞等问题的方案。在复杂情况下，缔约方数量众多，且其中大多数的环境偏好和制度能力不强，这使得谈判的过程大大复杂化。由于这种差异，新的全球环境政治逻辑比旧的逻辑更不利于全球环境合作的成功。

　　围绕着需要广泛和深刻的改革才能解决的问题进行谈判时，譬如化石燃料和土地使用问题，我预计差异会凸显出来。正因为需要参与方进行彻底的改革，在一群制度能力有限的国家间，对议题广泛的多边条约进行谈判才会变得困难。简单的狭义问题，如禁止某个商品的流通或管制一个小的工业部门，仍是可以被解决的，因为这些小问题不会像其他更广泛的问题一样造成深层次的分配冲突。这些方法虽不如适用于整体经济的那些方法那么奏效，但它们在政治可行性和政治可实施性方面往往表现得更好。

理论与数据

　　在勾勒全球环境政治的轮廓时，我采用的整体性方法并不适用于传统的微观"假设检验"①和"因果推断"等方法。大多数人都能意识到世界是一个相互联系的系统，这意味着我们无法在分析中划分"实验组"和"对照组"②。全球环境政治归根结底是一

---

① "假设检验"（hypothesis testing）是统计学中的一种推断方法，用来判断样本与样本、样本与总体的差异是由抽样误差引起的还是本质差别造成的。最常见的方式是先对总体的特征进行假设，然后对抽样进行分析并决定接受还是拒绝该假设。——译者注

② 在对照实验中，在其他条件保持不变的情况下，仅改变一种条件并观测其对实验对象造成的影响。"实验组"指的是实验对象中那些单一条件改变了的对象（人为处理），而"对照组"指的是单一条件未改变的对象（不处理）。——译者注

个单一的现象，任何分析的主题都必须是整个地球。想要对全球环境恶化的原因进行令人信服的分析，并找到解决问题的有效方案，就必须采用系统性的，而不是还原主义^①的方法。

认识到系统性问题的难度，我的经验性分析结合了两个角度的方法。第一个是动态分析。我观测了国际政治经济在五十年间的变化，想看看这些变化是否如我的理论所预测的那般，产生了那些影响。这项调查可以被视为跨越了两个时间段的一个案例研究。由于没有任何可用的横截面分析^②数据，因此，我的研究重点在于了解两个时间段的系统逻辑，然后将因变量的变化联系起来。虽说前后对比分析法并不是什么特别理想的研究方法，但这是全球环境政治学者们必须接受的。当研究中只有一个单位时，不同单位的变化就不存在，所以我能做的只有测试几个假设，提供多个证据来源，拒绝其他解释，并且在阐述结果时保持应有的谨慎态度，对我的实证研究进行三角测量。

我的第二个方法是国家案例研究。出于对新兴经济体的重视，我调查了它们的立场随着时间的推移发生的变化，评估了它们是否与我的理论预测一致。在这里，我遇到了如何选择案例的难题。一种方法是在一段时间内将工业化国家和各种各样的发展

---

① "还原主义"（Reductionism）和"整体主义"（Holism）是研究复杂系统的两种对立的基本思想。前者将宏观概念还原为微观概念加以研究，而后者强调宏观问题整体的重要性。——译者注

② 横截面分析（cross-sectional study）指的是对许多研究对象在一个特定的时间点上的数据进行的横剖研究。——译者注

中国家进行比较，但这样的分析方法会限制我在一些非常有意义的发展中国家身上探索规律。因此，我决定专注于不同类型的发展中国家，首先分析两个已经从多年的强劲经济增长中受益的国家——中国与印度，然后转向刚刚崭露头角的国家，最后我将探究发展水平最低，但是具有潜力的国家。对于每一组国家，我都将关注它们过去和现在的状况，然后查看它们的立场和政策的转变趋势是否符合我的理论做出的预测。

在进行系统层面的分析时，我首先讨论了四个基本变量（参与方数量、结构性权力或破坏力、环境偏好和制度能力）的数值变化。我得出了二十世纪下半叶在不同问题框架下这些变量的大致值，积累了相关经验性证据，总结了它们是如何随时间而变化的。我的方法是有选择性的，全球环境政策领域太过广泛，我的研究显然无法覆盖所有的问题和谈判，但仅讨论个别问题是无法分析整体结构变化的。因此，我凭借自己对文献的阅读和对主题的了解选择了重点研究范畴。我将尽力描绘一幅清晰生动的图画，阐释全球环境政治的大体趋势，以此来描述谈判和条约执行情况在不同问题上的演变。

为了给调研搭建一个理论框架，我比较了三个重要的环境制度的发展轨迹：气候变化、生物多样性的丧失和化学品的使用。气候变化是当今全球环境政治中最突出的问题，在国际和国内层面上可能都牵扯利益最多，相关活动也是最频繁的。生物多样性的丧失是另一个重大的环境问题，尤其是国际公地悲剧的挑战。根据我的评估，化学品的使用是全球环境政治中更积极且更有活

力的领域之一，所以它为解释一个相对容易成功的制度提供了机
会。我对每一个环境制度都做了广义上的定性，并将目光投向了
多边条约以外的问题，如多边发展机构的运作、管理出口信贷的
规则、国家政策等。

接下来在国家层面上的分析则更为具体。由于我的国家案
例研究时间跨度较大，因此我无法对在不同的谈判中每个国家战
略的细枝末节进行点评，但我可以全面且精准地勾勒出国家的偏
好、结构性权力、制度能力、政策以及其在全球环境政治中的成
果。在这些讨论中，我强调的是随着时间的推移产生的变化和它
们的驱动因素，而不是国家间的比较。我在很大程度上依赖系统
层面的分析，将国家案例研究置于更广泛的国际政治经济框架之
下。在全球环境政治中，所有政府都能敏锐地察觉到周围的国际
政治经济状况，并在国内和国际的层层重压下进行谈判和推行
政策。

今天，任何一本关于全球环境政治的书都绕不开中国和印
度，因此我在国家案例研究中首先分析了这两个大国。在当代的
全球环境政治中，中国的重要地位已被确立。自 1978 年改革开
放以来，中国工业的蓬勃发展使这个世界上人口最多的国家成了
温室气体排放，以及化石燃料和其他自然资源需求的代表。鉴于
中国对资源的强烈需求和随之而来的污染能力的上升，了解其谈
判立场的转变至关重要。另外，中国的经济规模比包括印度在内
的其他新兴经济体要大得多，其国际地位自然也举足轻重。

另一方面，印度的破坏力才刚刚达到能使其在国际环境谈

判中成为主要参与方的程度。虽然印度有反对工业化国家的环境议程的历史，但直到最近，这些反对的声音只是逞一时的口舌之快，仅具有象征意义。但今天的情况已经大不相同，因为印度有着光明的发展前景和快速增长的人口。所有的目光都投向了印度，所以了解它在全球环境政治中的立场变化很重要。

如果我的理论是有用的，它应该同样适用于其他许多稍逊于中国和印度的新兴经济体。这些国家包括越南、菲律宾、印度尼西亚和尼日利亚。另外，鉴于巴西在森林砍伐问题上的重要地位，从中可以得知就自然资源进行的全球环境合作所面临的长久以来的难题。

因为我的研究是面向未来的，所以我还调查了不发达但有经济发展潜力的国家：孟加拉国、缅甸、埃塞俄比亚和坦桑尼亚。虽然这些国家尚未在全球环境谈判中发挥重要作用，但它们庞大的人口和高经济增长率意味着它们正凭借自己的努力慢慢成为全球环境政治中的重要角色。通过观察它们最近的发展历程，并参考其他六个国家案例（中国、印度、越南、菲律宾、印度尼西亚和尼日利亚）的经验教训，我们可以对未来的全球环境政治走向做出明智的预测。

除了巴西，我的分析重点仅限于亚洲和撒哈拉以南的非洲地区。因为拉丁美洲主要国家的收入已经达到了中等以上水平，它们不会像亚洲和非洲的人口大国那样推动全球环境政策的转变。中东国家确实也有人口和经济的增长潜力，但它们本身就拥有大量的化石燃料，早已成为了全球环境政治的重要参与者。

第二章

"美国世纪" 的全球环境政治

1995 年，在统一后不久的德国首都柏林，各国政要签订了《柏林授权书》。这份授权书将 1992 年的《联合国气候变化框架公约》（UNFCCC）付诸实践。《柏林授权书》延续了《蒙特利尔议定书》中成功且广受赞誉的模式，重申了"共同但有区别责任原则"，免除了发展中国家的所有减排目标。继《柏林授权书》之后，1997 年的《京都议定书》也延续了这一原则，未对发展中国家提出减排要求。

《柏林授权书》体现了二十世纪全球环境政治中的一个重要层面：1995 年，距离世纪末仅剩五年，工业化国家的谈判代表们达成了一项共识，将世界上绝大多数的国家，包括所有的新兴经济体，排除在了气候合作之外。这样的谈判结果如果放在 2007 年巴厘岛或之后的谈判中，都是非常荒谬的，但在气候制度形成的早期，人们普遍认为工业化国家既是全球变暖的原因，又是其解决方案。

我从《柏林授权书》中得到启发，用以阐释二十世纪的全球环境政治模式。上一章中，我概述了一些基本论点。本章中，我将论述由美国称霸的二十世纪，即"美国世纪"的全球环境政治的核心特征。我将简要回顾现代全球环境政治的起源，并介绍其前身。那时，能源和资源消耗带来的主要全球环境问题，都是通过各大工业化国家间的谈判解决的，少数几个环境偏好相近（虽然不是完全相同）和具备高制度能力的国家有着举足轻重的破坏力。这就解释了为什么当时通过自上而下的多边条约达成了许多高水平的合作。相反，为了解决第三世界国家的自然资源和人口增长问题而达成的合作就少得多，签订的条约很少且设立的目标很低。这是因为参与方之间不仅偏好截然不同，而且制度能力普遍低下。

早在二十世纪之前，国际环境协议就已经存在，但随着第二次世界大战后美国和欧洲进入工业繁荣时代，全球环境政治才得到了各国的关注。随着家庭生活变得富裕，污染的代价也愈发明显，政治家们面临着环境破坏带来的新的压力。然而，仅靠一些国家的国内政策来解决环境问题显然是不够的，跨境空气污染、核能的风险、海洋渔业的衰竭以及人口增长等都是需要国际合作才能解决的全球性环境问题。由此，大量的多边环境条约应运而生。我们必须承认，这些条约在一个不完美的世界里达到了不错的效果。当这些条约是基于少数具有相似环境偏好和高水平制度能力的国家的合作时，它们表现得相当好；但在其他情况下，效果就不太理想了。

早年情况

国际环境协定至少能追溯到十九世纪。米切尔将 1857 年奥地利、瑞士和德国巴登、巴伐利亚和符腾堡州之间签订的《关于从康斯坦茨湖取水的协定》视为第一个多边环境协议。虽然相关数据显示，1900 年前一共只签订了 14 个有关环境保护的条约，但它们却广泛涉及了植物保护、渔业、水污染等主题。地理范围也不局限于欧洲，1897 年《北太平洋和白令海保护海豹和海獭公约》的成员方就包括了日本和美国。1885 年签署的另一项协议则以刚果河流域为中心。

尽管如此，全球环境政治真正的兴起是在第二次世界大战结束后。1900 年 1 月到 1945 年 8 月日本投降时，各国间只进行了 32 个多边谈判，而到 1959 年增加了 45 项协议，60 年代又增加了 58 项协议。从 1970 年到 2012 年，又谈判了 981 项协议。1990 年到 1999 年是全球环境合作的黄金十年，有 384 项新协议诞生。这些协议包括《联合国气候变化框架公约》和《生物多样性公约》，这两个协议是 1992 年在里约热内卢举办的联合国环境与发展大会，即"地球峰会"上达成的。

环境合作的热潮起源于环保意识的增长，先是在美国，然后是在西欧。二十世纪六十年代，工业生产的迅速扩张在给美国和西欧的国民带来了前所未有的财富的同时，也造成了一系列严重的环境问题，譬如空气和水污染。正如拉塞尔·J. 道尔顿（Russell J Dalton）所说的一样，"20 世纪 60 年代后期发生的一系列戏剧性的环境危机使得环保主义者的文章更加掷地有声。"这些危机包括英吉利海峡和加利福尼亚州圣巴巴拉附近发生的一系列石油泄漏事件、洛杉矶和伦敦的雾霾、纽约州尼亚加拉瀑布城拉夫运河的化学污染泄漏事件等。

现代环保意识发展的一个重要里程碑是 1962 年蕾切尔·卡

逊（Rachel Carson）所著的《寂静的春天》的出版。在这本广受欢迎但饱受争议的书中，卡逊用了一个令人难忘的标题点明了过度使用杀虫剂对生态系统、野生动物和人类的危害。她的支持者和反对者在媒体上展开了激烈的辩论，化工业界则对她十分不屑，斥责她是一个"歇斯底里"的女人。该书的横空出世唤醒了人们的环保意识，首先是在美国，然后是在欧洲，不仅是杀虫剂的使用问题，人们也开始去解决一些更广泛的环境问题。到了1970 年，"环境"已经成为美国人普遍且执着的追求；同年 4 月22 日，在参议员盖洛德·尼尔森（Gaylord Nelson）的倡导下开展了第一个"地球日"。地球日起初是一个"全国性的环境宣讲会"，之后不仅在美国，全世界每年都会庆祝地球日，这展现了公众对环保的支持和环保人士间的团结。

在美国，环境问题在政治中发挥着愈发重要的作用。"虽然联邦政府总是以龟速处理各种社会问题，但在面对二十世纪六七十年代的环境恶化问题时，他们却处理神速。"在共和党总统尼克松的领导下，《国家环境政策法》于 1970 年 1 月 1 日正式通过；同年 12 月 2 日，美国环保署（EPA）成立。尼克松政府在 20 世纪 70 年代初期还推进了其他一些对解决环境问题有着里程碑式意义的立法，但在 1973 年 10 月第四次中东战争阿拉伯国家实施了禁运后，美国的能源价格飙升。随着通货膨胀，失业率上升和经济增长下降等问题的爆发，人们对环境问题的关注被迫退居次席。

日益扩大的南北鸿沟

1972年6月在斯德哥尔摩举行的联合国人类环境会议掀起了人类早期环保努力的高潮，这距离《拉姆萨尔湿地公约》的签订只过去了一年。1968年，瑞典提议"召开关于人类环境问题的国际会议"，得到了联合国经济及社会理事会和联合国大会的支持。罗兰德指出，"公众要求采取行动的呼声渐长，政府面临的压力也越来越大。在大多数的工业化国家，忽略生态已成为一件不可想象的事。"公众对全球环境恶化的认知提升反映在了一些非常明显的问题上，譬如洛杉矶的雾霾以及杀虫剂导致鸟类死亡后的"无声的春天"。认知的提升给民主政府带来了压力，政府必须着手制订解决环境问题的方案，否则他们将被环境意识更强的政治对手打败，从而输掉选举。

早在斯德哥尔摩会议的筹备阶段，全球环境政治中的困难就已经显现。筹备委员会的一些成员方希望能明确区分国际法和国内政策，以规避条款带来的法律约束，而其他成员方则强调了普遍性原则对引导环境政策和合作的重要性。这样的冲突也预示了之后类似冲突的发生，尤其是南北间的冲突。会议的召集人面临的一个重要挑战是如何打消发展中国家间存在的担忧。发展中国家普遍认为，"发达国家宣扬的环境末日实则是它们实施种族主义的手段，目的是打压有色人种主导的第三世界的发展。"长期残酷的殖民统治使得新兴主权国家对国际体系中西方的主导地位充满疑虑。对于它们来说，全球环境政治本身都值得怀疑，毕竟这些向全世界游说污染问题的工业化国家在不久前还在推行充斥着暴力手段的殖民统治。另外，工业化国家自身的过度消费才是导致环境恶化的真正原因。

因此，在斯德哥尔摩会议前，发展中国家拒绝参与全球环境合作。它们认为这不仅偏离了经济发展的目标，甚至还有可能对其造成威胁，全球环境合作纯粹是工业化国家为维持世界秩序的不平等而策划的阴谋。在对会议的案例研究中，纳贾姆提到，在第三世界的著名知识分子1971年共同撰写的《富内报告》中，发展中国家确立了其共同立场，指出了西方所展望的全球环境政治和本国的经济发展之间的关系并不稳定，并对此表达了担忧："发达国家必须保证它们对环境的关注不会损害发展中国家的持续发展，也不会导致资源转让减少、援助优先权被曲解、贸易保护政策增加，以及在评估发展项目时使用那些不切实际的环保标准。"这份报告可以说是第三世界国家在国际舞台上取得的重要成就。

斯德哥尔摩峰会成立了联合国环境规划署（UNEP），这是该会议具有里程碑意义的一个具体成就。南北冲突下，发展中国家的代表们团结一致，支持肯尼亚将规划署的总部设立在内罗毕，而不是维也纳、日内瓦或华盛顿特区的提议。同时，《斯德哥尔摩宣言》就多边环境合作提出了26项原则。在南北政治对环境问题的影响下，第九项原则开创了一个重要的先例："经济的不发达和自然灾害造成的重大环境问题，最好的补救办法是发达国家向发展中国家提供大量的财政和技术援助，来支持其国内就环保所做出的努力，并帮助其发展。"第九项原则肯定了经济发展的重要性，明确了工业化国家为第三世界国家环保事业提供支持的责任。

斯德哥尔摩会议后，世界各国政府进行了一系列重要的环境谈判。1973年，《国际防止船舶造成污染公约》和《濒危野生动植物种国际贸易公约》签订；1983年，《远程越界空气污染公约》（LRTAP）签订；1989年，《控制危险废物越境转移及其处置巴塞尔公约》签订。

在这些协议中，最重要也是最著名的当属1985年的《保护臭氧层维也纳公约》和1987年的《蒙特利尔议定书》。喷雾罐、冰箱和其他家电中使用的氯氟碳导致了平流层中出现臭氧空洞，进而引发严重的公共卫生问题，如皮肤癌和白内障。臭氧层空洞问题1972年于斯德哥尔摩提出，1974年美国科学家认识到氟氯化碳是问题的关键。1981年，"联合国环境规划署成立了工作组来起草一个全球公约框架。"由此诞生的《维也纳公约》只提供了一个框架，到了1987年，各缔约方最终达成了《蒙特利尔议定书》，同意将氟氯化碳和卤化烷的使用降低50%。

关于臭氧管理机制的研究不胜枚举，这很大程度上是因为学者们将其视为一个环境外交的胜利。臭氧层空洞是少有的解决过程十分顺利的环境问题。《科学》杂志于2016年6月刊登的一篇文章说，"九月时，南极臭氧层已经开始复原。"化工业成功找到了不会导致臭氧层空洞的氟氯化碳替代品，氟氯化碳的使用便随之减少。因此，《蒙特利尔议定书》经常被视为就环境问题开展的多边合作的成功案例。臭氧层正在逐步恢复，这一成就引起了全球环境政治学者的广泛关注,《蒙特利尔议定书》随之成为一项举世闻名的协议。

之后,环境制度化的又一重要事件是 1992 年在里约热内卢召开的联合国环境与发展大会(UNCED)。在这次地球峰会上,环境与发展之间的关系是重要的议题。1987 年,世界环境与发展委员会发表了具有开创性的《布伦特兰报告》,又名《我们共同的未来》。报告是以其作者格罗·哈莱姆·布伦特兰(Gro Harlem Brundtland)的名字命名的。布伦特兰曾经三次出任挪威首相。该报告提出了可持续发展的概念。在 1992 年的地球峰会上,发展中国家和发达国家开始致力于弥合它们在全球环境事务上的鸿沟。该峰会的主要成就包括关于本土环保行动的"21 世纪计划"的提出、《生物多样性公约》以及《联合国气候变化框架公约》的签订等。虽然"21 世纪计划"的后续活动不多,但两个公约之后成功演变成了两个全球环境制度。

地球峰会还通过了《里约环境与发展宣言》。该宣言提出了一系列原则,以指导国际社会在不牺牲经济发展的情况下开展环保活动。特别是第七项原则,提出了"共同但有区别的责任"原则这一重要概念:

> "各国应本着伙伴精神进行合作,共同维持、保护和修复地球生态系统的健康和完整。对于全球环境恶化问题,各国负有共同但有区别的责任。发达国家承认,考虑到它们的社会活动给全球环境带来的压力更大,且它们掌握的技术与

财政资源更多，它们理应对国际社会的可持续发展负责。"

这一原则很快在全球气候变化政治中发挥了关键作用，通过它我们能够看到，二十年前的情况是多么不同。在那时，工业化国家是开展全球环境保护的关键，这是国际社会公认的事实，并没有人觉得奇怪。

这一原则也强调了制度能力的重要性。《联合国气候变化框架公约》（以下简称《气候公约》）规定所谓的"共同但有区别责任"是由"各国的能力和它的社会及经济条件"决定的。上述第七项原则也同样指出了"技术与财政资源"的差异。围绕着这些差异的争议愈演愈烈，并在最终导致了激烈的南北冲突。

《气候公约》带来了一系列非常重要的谈判。尽管很多学者对联合国气候制度的有效性提出质疑，《气候公约》却仍受到了前所未有的广泛关注，并推动了大量外交活动的展开。全球气候制度致力于解决气候变化——人类社会面临的最突出也是最复杂的问题，而《气候公约》是这一制度的基石。虽然气候变化直到二十一世纪的第一个十年才成为全球环境政治的核心主题，但相关谈判早在 1988 年便开始了。1979 年的世界气候大会上，气候问题被提出。1988 年的多伦多会议上，联合国政府间气候变化专门委员会（IPCC）成立。由此，各国政府开始起草一项致力于解决气候问题的多边公约。1992 年的地球峰会上，《气候公约》签订，公约于 1994 年生效，1995 年缔约方大会（COP）开始了《京都议定书》的谈判。

1997 年 12 月签订的《京都议定书》掀起了应对气候变化的全球合作的高潮。在经历了许多戏剧性的场面后，各方达成了一项基于"目标和时间表"的协议，给工业化国家规定了减排目标。这些目标是以 1990 年各国的排放量为基准计算的，美国的减排目标较高，而欧洲国家的目标较为轻松。得益于撒切尔夫人对煤炭工业的打击，1990 年英国的排放量骤降。而德国也得到了相对充裕的分配额，因为德意志民主共和国的污染工业已不复存在。事实上，《京都议定书》的基本理念实际上是由美国的减排开启全球的去碳化进程。虽然一开始的目标都是相对保守的，但随着时间的推移，其他工业化国家也会效仿，最终发展中国家也会跟上。

通过备受诟病的 1995 年《柏林授权书》，我们可以看到，"南北冲突"在二十世纪九十年代就已经是气候变化谈判的一个主要障碍了。在 1995 年《气候公约》的缔约方大会上，各方同意"不对未被列入附件一的'发展中国家'做出任何新的规定。"这一承诺直接将中国和印度等国家排除在了《京都议定书》具有法律约束力的减排目标之外。这是在发展中国家代表的一再要求下做出的承诺。这些代表指出，经济增长仍是发展中国家的核心优先事项，并且发展中国家不管历史上还是当下的排放量都远低于工业化国家。根据《柏林授权书》的指导原则，京都的谈判过程将遵循：

"发展中国家实现经济持续增长和消除贫困的需求是合

法的；所有缔约方都可以并且应该促进可持续发展……事实上，无论是历史上，还是当下，全球温室气体排放的绝大部分都来自发达国家，发展中国家的人均排放量仍较低；为了满足发展中国家的社会和发展需求，发展中国家的相对排放份额将增长。"

对于发展中国家来说，《柏林授权书》至关重要。因为发展中国家的历史充斥着殖民主义和帝国主义的剥削，它们对工业化国家的动机充满怀疑。《柏林授权书》保证了发展中国家在《京都议定书》下，其发展所需的碳空间不会被限制。

但工业化国家并不同意这样的逻辑。特别是美国参议院一致通过了"伯德决议"（Byrd-Hagel Resolution），指出由于"在气候变化问题上，对发展中国家的豁免并不符合全球行动的需要，并且在环境层面上是存在缺陷的"，美国将不会加入《柏林授权书》下的任何条约。

美国也的确未曾加入。在俄罗斯批准后，《京都议定书》于2005年生效，但美国从未批准过该条约。美国宪法要求，三分之二以上的参议员投赞成票才能签署一项条约。而在政治上两极分化的美国社会，想要获得足够的赞成票是非常困难的，当时绝大多数的共和党人要么公开表示敌视，要么对环境科学毫不关心。在这样的情况下，总统几乎不可能获得国会对《京都议定书》的支持。因此，克林顿政府从未尝试通过这项决议。

多亏了欧洲国家想要主导全球气候政治的雄心壮志，即使没有美国的参与,《京都议定书》也照常执行了。尽管最近的研究表明,批准了该议定书的国家的确实现了它们的排放目标,但这些国家是因为议定书还是因为别的原因而达成了目标,就很难说了。2008 年的金融危机和欧洲经济的低迷,都有可能导致减排。尽管没有美国的参与,也没有对发展中国家分配任务,议定书还是起到了一定的效果。2007 年巴厘岛会议或许是解决该问题的一个契机。

《京都议定书》中的清洁发展机制(CDM)从一开始就是发达国家让发展中国家参与气候政策的主要方式。在该机制下,不论是公共还是私人开发商都可以根据反事实基线(counterfactual baseline)来降低项目的温室气体排放量。通过减排评估后,这些项目将产生碳信用额度,开发商可以通过金融中介机构将这些额度卖给工业化国家,以获得碳抵消。虽然清洁发展机制对发展中国家的排放没有做出任何硬性要求,但它鼓励发展中国家在自愿的基础上参与全球气候合作,以达到减排成本最小化的目的。

总而言之,二十世纪末,世界仍处在单极体系下。在全球环境政治的层面上,具有重大意义的条约爆炸式地出现。在二十世纪九十年代,《蒙特利尔议定书》的成效显著,地球峰会上诞生了关于气候变化和生物多样性的公约框架;《巴塞尔公约》开始实施;1998 年《关于在国际贸易中对某些危险化学品和农药采用事先知情同意程序的鹿特丹公约》的相关谈判展开;2001 年《关于持久性有机污染物的斯德哥尔摩公约》的相关谈判开始。

全球环境政治体系的核心特征

下面我们来分析一下二十世纪全球环境政治体系的核心特征。为了探究合作的可能性及深度的变化,我将首先回顾这个体系的性质,再分别探讨与发展中国家的自然资源有关和无关的环境问题。

表 2.1 展示了我的理论中的四个变量的数值概况。中列显示了简单系统的结构,环境偏好和制度能力较高的少数参与方塑造了国际环境合作的体系。因为参与方较少,它们的结构性权力又较为平均,合作中的协商和执行都相对容易。

表 2.1 二十世纪全球环境政治体系的核心特征

变量	数值:简单情况	数值:复杂情况
参与方数量	少	多
环境偏好范围	中到高	非常低到高
制度能力范围	中到高	非常低到高
结构性权力的分配	平均	不平均

注:在复杂的情况下,发展中国家拥有重要的自然资源,随即拥有了成为重要参与方的破坏力。

在复杂的情况下,参与方的数量要多得多,其环境偏好和制度能力也有很大的不同。如右列所示,当发展中国家拥有重要的自然资源时,状况就会变得十分复杂。在这里,发展中国家起到了关键的作用,随之而来的是具有破坏力的参与方数量的大幅上升。试想一下,巴西或者印度尼西亚威胁说要砍伐它们的雨林会怎样。尽管二十世纪时全球南方的经济力量较小，但在一些特殊的情况下，资源的地理分布给它们带来了非比寻常的优势。通过这些国家，我们可以更好地理解结构性权力在全球环境政治中的重要性。

让我们从参与方的数量开始分析。讽刺的是，从 1945 年到《京都议定书》的谈判，所谓"全球"环境政治中的主要谈判都与工业化国家相关，即上表所示的简单情况。工业化国家直接或间接地导致了绝大部分的全球环境恶化。同时，只有它们有能力出资让南方国家参与到国际环境协议中来。虽然集体行动总是被渲染为困难重重的事，但事实上，当时所谓的国际环境谈判只不过是奥尔森式"小团体"之间的互动罢了。

在此期间，工业化国家主导着世界经济。1980 年，也就是环境问题出现在世界政治舞台上的十年后，按照现在的美元计算，当时的世界总产值大约为 11.154 万亿美元，其中美国的产出就占了 2.863 万亿美元，超出了总产值的四分之一。那时，制造业仍是美国经济的重要组成部分。时至今日，欧盟成员方的经济总量甚至更高，为 3.860 万亿美元，超过了总量的三分之一。这两个经济体的产出占世界总产出的 60% 以上。如果再算上日本的 1.087 万亿美元，那么由工业化国家组成的"铁三角"的产值则超过了全球产值的三分之二。

即使抛开欧洲的环境政治情况不谈，铁三角的影响力也已经是决定性的了。因此可以说，造成全球环境恶化的经济活动很大程度上源于这三个地区。在环境污染方面也是如此。1980

年，美国排放了 4.72 万亿吨的二氧化碳，欧共体国家共排放了 4.52 万亿吨。在全世界的排放量是 19.44 万亿吨的情况下，美国和欧共体共同承担了全球所有二氧化碳排放量的一半。通过这些数据，我们不难看出为什么所有的目光都集中在了工业化国家的身上，而发展中国家充其量只发挥了边缘作用。

在铁三角中，美国和欧共体（1992 年后的欧盟）在全球环境政治中比日本活跃得多。在更广泛的领域，美国和欧共体一直在谈判中发挥着核心作用。在臭氧层空洞问题上，美国最先成了领导者，最初并不情愿的欧共体后来居上。在关于气候和危险废物的谈判中，欧盟是整个二十世纪九十年代的领导者。虽然国内舆论和利益集团影响着美国和欧共体（1992 年后的欧盟）在国际环境事务中的参与度，但从未出现第三方能够威胁这两个巨头的地位。

日本在全球环境政治中的角色一直是被动的。二十世纪七十年代初，"日本虽然有着世界上最严格的环境法规，但它对经济发展和商业利益的追求更为坚定……到了 1990 年，日本的领导地位不再显著。"在早期，严重的污染问题带来的政治压力迫使日本成为国际环境事务中的领导者，但到了二十世纪八十年代末，"日本跟环境有关的国际行为在新闻报道和学术报告中受到了严厉的批评。日本被指责为世界上最大的热带硬木材进口国，还因为流网捕鱼、捕鲸、买卖濒危野生动物相关产品、将污染工业出口到东南亚等行为被攻击。"面对这些批评，日本对环境援助的投入大幅增加，并在国际环境谈判中变得更积极主动，但

"在日本的非政府环境组织成熟起来，拥有更多的环境智库之前，日本不太可能成为制定新环境政策思想的领导者。"虽然日本为了应对外部压力而在全球环境政治中变得愈发积极，但它还没有到能与欧美竞争这一领域的领导地位的程度。

在解体之前，苏联在谈判中扮演的角色有些特殊。虽然苏联是一个主要的污染源，但其政府面临的国内压力十分有限。在许多情况下，苏联对全球环境政治的参与是出于对其他问题的考量，即"议题连接"。例如，对于《远程越界空气污染公约》，苏联关心的是"东西方关系中更广泛的利益"，"莫斯科继续将《远程越界空气污染公约》的谈判进程作为工具，将苏联成员方描绘成负责任的环保主义者，而主要的西方国家（尤其是英美两国）则成了不负责任的角色。"相反，当苏联的经济利益受到威胁时，其政府就会直接无视国际法。以商业捕鲸为例，"苏联涉及的各种违规行为可以说是管理不善的最佳案例"：由国家管理的苏联捕鲸船队无视配额限制，并且伪造了提交给国际捕鲸委员会的捕获情况数据。

另一方面，发展中国家在这些谈判中主要扮演着防御性角色。斯蒂芬·D. 克拉斯纳（Stephen D. Krasner）就南方国家在国际政治中普遍存在的内部和外部的脆弱性进行了论述，他认为发展中国家从一开始就将全球环境政治视为北方国家阻止南方国家脱贫的手段。至少在 1992 年地球峰会之前，发展中国家是不愿意参与全球环境谈判的。正如纳贾姆所说的，"前斯德哥尔摩时期充斥着南方国家政治上的纷争；在斯德哥尔摩到里约时期，它们虽然不情愿，但是开始参与谈判，因为围绕着可持续发展的概念出现了一个新的全球契约。"与工业国家不同，发展中国家对全球环境治理的合法性提出了异议，并坚决要求一个能更好地适应其经济脆弱性并为经济发展创造空间的框架。

直到里约地球峰会的召开，可持续发展的概念才开始破冰，因为"里约为发展中国家提供了重新阐释全球环境的机会……发展中国家试图将全球环境政治塑造成可持续发展的全球政治。"现在，回过头来看，1992 年的里约峰会的确是全球环境合作的一个巅峰。全球环境合作第一次，也可能是最后一次，签订了一系列具有里程碑意义的多边条约，承诺在富裕国家和贫穷国家的通力合作下，创造一个可持续发展的未来。可事实证明，这一雄心壮志很难实现。

地球峰会之后，发展中国家参与全球环境合作时仍强调"共同但有区别的责任"。纳贾姆认为，可持续发展的概念使得发展中国家能够参与到冷战后的全球环境政治中来。这个观点是正确的，但同时，"国家平等"并未实现。在对《柏林授权书》以及森林砍伐议题下的南北政治的讨论中，我们可以看到发展中国家依旧执着于追究环境恶化的历史责任，追求尊重国家主权的理念。因此，虽然自可持续发展的理念提出后，发展中国家比以前更愿意参与全球环境政治，但它们的主要目的是为了维护自己的利益，防止工业化国家放弃可持续发展的原则（当然，这也无可厚非）。

事实上，第三世界国家在相对统一的立场下隐藏着两种不同的形势结构。在臭氧层空洞和气候问题等关键的环境问题上，它们因为破坏力很低，所以扮演了一个边缘化的角色；但在森林砍伐和渔业等其他问题上，发展中国家具有不可忽视的破坏力，情况就变得复杂起来了。

现在我们来看二十世纪全球环境政治中各国的环境偏好。根据这些国家的结构，在统计学上，它们的偏好可以被视为双峰分布（bimodal）。虽然问题、政府和时间点等因素决定了具体偏好的强弱，但工业化国家的环境偏好整体上较强，而其余国家的环境偏好则大多较弱。此外，日本虽然是工业化国家，但它也同样未把环境问题放在首位。这些国家的人口对环境质量的重视程度有待提高，他们认为资源匮乏和污染问题尚未威胁到他们的经济前景，所以，就算这些国家积极参与环境合作，它们的目的也多是为了确保其经济发展不受阻挠。

在不同的时间点上，工业化国家政府展现出的不同的环境偏好反映了它们在社会、经济和政治方面一系列复杂的考量。正如我前面提到的，戴维·伏格尔（David Vogel）称，二十世纪环境政治中最重要的两个角色——美国和欧洲，一直就环保问题的相对利益进行博弈。在全球环境政治的早期，美国经常带头呼吁进行多边环境合作，《蒙特利尔议定书》就是其最高成就。后来欧洲发生了一系列食品、核能等领域的监管丑闻，"预防原则"开始受到重视。与此同时，美国已经解决了其大部分环境问题，并且受制于多数决策制度，美国没有强大的绿党。因此，在气候变化等问题上，欧洲承担的领导责任比美国更重。

但总体来说，主要工业化国家的环境偏好还是较强的，只是它们普遍以自我为中心，只关注与自己国家相关的问题。发达国家的公众舆论、环保组织和清洁技术产业，都对呼吁环境保护及提出环保需求做出了贡献。哈里斯公司于 1988 年对发达国家的环境偏好进行了调查，结果显示 92% 的受访者认为他们的政府应该对环境保护负主要责任。1992 年的盖洛普民调显示，在工业化国家，60% 的受访者表示他们愿意牺牲经济增长来保护环境。由此可见，这些国民对具体的环境问题表达了担忧。二十世纪八十年代末对发达国家公众舆论的研究表明，绝大多数的民众都听说过并且关注气候变化，尽管他们对该问题的复杂性的理解是有限的。从 1960 年到 1980 年，致力于环境问题的国际非政府组织的数量翻了四倍多，进一步迫使各国政府为环保付出努力。

较强的环境偏好其实是发达国家政府经过多方考量后做出的选择。工业化的加速和生活水平的提高带来的环境成本引发了公众的强烈反感，卡逊的《寂静的春天》大受欢迎就说明了这一点。同时，随着欧美公司从原先的大规模生产转型成为全球创新的领导者，"环境库兹涅茨"中的技术因素也开始发挥魔力。随着经济结构的变化和技术能力的提升，减排成本降低了，相关利益集团对环境政策和环境协议的抵触也减轻了。在臭氧层空洞等议题下，全球环境规则反而能够帮助它们抵制来自中国、印度和其他发展中国家在低创新产业领域的竞争。

另一方面，制度能力的分布与结构性权力的分布密切相关。制度能力、环境偏好和结构性权力之间的紧密联系是二十世纪全球环境政治的一个显著特征。美国和主要欧洲国家在这三个变量上表现得都很好。先进的西方工业化国家创造了世界上绝大部分的经济活动，并且其能源使用、资源消耗和污染量也和它们的经济活动成正比。虽说现有的制度能力的指标存在一定的局限性，但工业化国家的制度能力的确是一流的。根据 2015 年全球治理指数，在 1996 年，也就是这份统计数据开始统计的第一年，经合组织国家在所有六个治理方面得分都很高：话语权和问责制（前 12%）、政治稳定（前 17%）、政府效率（前 12%）、监管质量（前 13%）、法制（前 12%）和腐败防治（前 13%）。

　　相比之下，发展中国家的制度能力水平较为低下。低收入国家六个指数的平均表现都在后 25%；中低收入国家的平均表现则在后 34%（监管质量）到后 41%（话语权和问责制）之间。从中不难看出，制度能力和经济发展水平之间存在着很强的联系，虽然二者孰因孰果还存在着争论。第三世界国家自己也承认自身缺乏制度能力，正如 1971 年《富内报告》中这段长文所说：

　　　　"为了制定环境政策，发展中国家需要获取更多的信息和知识。因此我们建议，首要任务之一应该是扩大它们在环境领域的知识面。如果发展中国家能对其目前的环境状况和它们面临的主要危险进行调查，那将会是十分有帮助的。它们还应该通过相关调查和研究来确定未来二三十年的发展过程中可能出现的环境问题的类型。整理现有的所有环境法律，包括设计城市分区、工业选址、自然资源保护等领域的法规，也会有所帮助。这种信息和知识的积累可以让发展中国家更清楚地了解到它们面临的环境问题和它们在不同发展阶段需要采取的措施。由于公众的参与度至关重要，发展中国家政府还应该将环境概念纳入教育课程，并通过大众媒介对其进行宣传。我们想再次强调，在这个领域进行大量细致的调研，并且避免操之过急的指导和行动十分重要。"

通过一些非常简单的指标，譬如环保行政机构的存在与否，就可以看出一个国家的制度能力是否匮乏。例如，根据阿克林和乌尔佩拉的数据，截止到 1990 年，数据涵盖的 170 个非经合组织成员的国家中，只有 40 个国家设立了环境部。也就是说，大多数的非经合组织国家甚至还没有设立环境事务部门。这一统计方式甚至可能夸大了环境部门的数量，因为该数据不仅包括了活跃的环境部门，还包括了那些仅仅存在于纸面之上的环境部门。许多发展中国家的所谓环境部预算少，工作人员不多，通常没有太大的发言权。

制度能力的缺乏在发展中国家对环境条约的实施中也暴露了出来。在许多发展中国家无法监视其海岸的情况下，《巴塞尔公约》中规定的知情同意权便失去了意义。《濒危野生动植物种国际贸易公约》在很大程度上取决于潜在的进口商，也就是工业化国家对来自发展中国家的非法濒危物种的监测。在这两种情况下，执行都取决于工业化国家是否愿意遵循条约并且帮助发展中国家执行条约。

总而言之，二十世纪全球环境政治以南北之间存在着明显分歧为特点。当南方国家因拥有大量资源而在谈判中发挥重要作用时，情况就变得非常复杂了。当工业化国家拥有大部分的破坏力，南方国家被边缘化的时候，情况就十分简单了。要想理解当时合作的可能性和合作的深度，将情况一分为二地看待至关重要。

二十世纪的全球环境政治

那么，我提出的一系列变量能在多大程度上解释二十世纪全球环境政治的关键成果呢？根据我的解读，二十世纪的全球环境政治体系产生了三个重要的结果：首先，也是最重要的，各国间频繁签订新条约。与二十一世纪相比，二十世纪条约的签订相对容易且合作的可能性较高，合作的深度也不低。其次，当发展中国家拥有核心的自然资源时，合作的成果很难兑现。最后，各国政府高度依赖自上而下的环境条约。

二十世纪全球环境政治最重要的特点就是：各国间不断地进行谈判、批准和执行新条约。虽然这些条约并不完美，但各国间仍然很容易就能达成合作。二十世纪七十年代初到九十年代末，多边环境协议的签订数量呈爆炸性增长。这不仅仅反映了全球对环境问题认识的提升，我们更应该通过上述的关键特点来分析这样的增长。只要参与方数量不多且环境偏好相似，那制定协议并不是什么难事。在绝大多数情况下，获得美国和主要欧洲国家的支持就足以推动问题的解决。就算发展中国家拥有核心资源，不论是用"胡萝卜"还是"大棒",发达国家都能以较低的成本与发展中国家达成合作。

尽管参与程度有限,但发展中国家的确加入了协议,并在一些特定的情况下对政策做出了有意义的调整;当多边主义失败时,发达国家中的先行者仍能引导发展中国家的政府采取行动。在《蒙特利尔议定书》下,适当的补偿付款搭配上有限的、仅针对具体部门的贸易制裁就足以让发展中国家的政府配合。而在《巴塞尔公约》下,发展中国家其实并不需要做什么。在危险化学品方面,《斯德哥尔摩公约》极大程度上豁免了发展中国家的责任,并且向发展中国家提供了"新的额外财政资源"。

这里需要强调的是,这些多边条约都是由工业化国家主导的。工业化国家对环境问题的日益关注推动了谈判进度,因此谈判的重点都是攸关工业化国家的环境问题,如臭氧层空洞、危险废物和跨境空气污染。尽管相关条约解决了这些问题,但它们并没有解决发展中国家的关切问题,譬如国家平等和人类共同遗产。由于工业化国家处在主导地位,全球环境政治基本沦为跨大西洋的合作。

参与方式也很重要。当参与方的数量较多,但环境意识较弱的政府遵守条约的成本较低时,工业化国家可以通过补偿付款的方式让发展中国家参与进来。只要成本够低,一个双方同意但双方不平等的协议是可以达成的。比如在《蒙特利尔议定书》下,尽管工业化国家为了抵制搭便车行为而对非缔约方的贸易进行制裁,但它们也对以中国和印度为首的发展中国家提供了补偿,帮助它们将消耗臭氧层的原料替换成现代能源。

但当南方国家拥有可观的自然资源时，它们便拥有了大量的结构性权力。这样一来，合作的可能性和合作的深度都大打折扣。最典型的例子是森林砍伐问题。因为在欧洲和北美的人口稠密地区，大部分的原始森林在几个世纪前就已经被消耗殆尽，全球森林政治的重点于是被放在了保护拉丁美洲、东南亚和中非丰富的雨林资源及生物多样性上。正如巴雷特、拜尔（Patrick Bayer）和乌尔佩拉所指出的一样，当面临这种经济实力弱但掌握着重要资源的国家时，发达国家要么采取贸易制裁等严厉措施，要么用补偿付款的方式来换取该国对森林的保护。在面对巴西和印度尼西亚这样的国家时，发达国家因其经济优势而产生的威慑力被大幅削弱，因为这些国家控制着其他国家试图保护的关键资源。

在濒危物种的案例中，发展中国家也扮演了重要的角色。它们手握关键资源，只有在工业化国家提供援助的前提下，它们才愿意参与这类国际资源合作。《濒危野生动植物种国际贸易公约》（以下简称 CITES）虽然明文禁止了濒危物种的交易，但并未强制要求参与方修改国内政策，导致其在国家层面的执行受到了严重限制。尽管原则上该条约可以制定严格的濒危物种保护规则，并对不遵守规则的参与方进行制裁，但这在政治层面上是不可行的，因为这并不符合那些掌握着关键资源的参与方的利益。迪克森（Barnabas Dickson）就说得很好：

"1973 年 CITES 签署之前的十年间，发达国家政府和自然环境保护主义者之间进行了诸多辩论和谈判，发展中国家也参与其中。在许多方面，CITES 都带着这些争论的烙印。当时人们担心奢侈品毛皮贸易会对大型猫科动物带来负面影响，随后 CITES 中唯一对保护大型猫科动物不利的便是国际贸易。在更宏观的层面上，这是一个去殖民化的时代，尤其在非洲。许多发达国家的环保主义者担心，去殖民化会导致原先物种保护模式的瓦解，因为建立保护区和禁止狩猎是该模式的基础，而当地人基本被排除在保护区之外。因此，贸易限制被视为防止新独立的国家进行过度开发的一种方式。"

因此，CITES 其实是发达国家为维持殖民时期在发展中国家建立的物种保护模式采取的手段，但发展中国家掌握着资源，所以发达国家很难直接去影响发展中国家的环保工作。殖民时期物种保护模式的支持者只能诉诸贸易限制来约束发展中国家的行为。

控制危险废物的巴塞尔谈判则与上述情况正好相反：在危险废物引发环境恶化的背景下，所有受害者都来自贫穷的发展中国家。来自发达国家的环境团体成了发展中国家的代表，呼吁国际社会重视该问题，并在谈判中以一种"家长式"的做派发挥了重要的作用。尽管以撒哈拉以南非洲国家为首的发展中国家主张全面禁止危险废物贸易，但因为没有足够多的国家批准禁令修正案，导致禁令最终无法生效。马尔库和乌尔佩拉则发现，发展中国家有限的监管能力助力了《巴塞尔公约》的快速通过，这表明该公约对能力建设的侧重赢得了很多发展中国家的支持。总体而言，似乎最积极的禁令倡导者是环境团体，而非政府。

　　《防治荒漠化公约》（CCD）为观察南方国家在全球环境政治中的作用提供了一个有趣的视角。在非洲国家的领导下，《防治荒漠化公约》的谈判在地球峰会后不久正式启动。1994 年 6 月在第五次谈判会议上，该公约通过，并于 1996 年 12 月正式生效。该谈判的特点是，合作主要由发展中国家和受到萨赫勒沙漠扩大化威胁的非洲国家推动。发达国家则并不关心这一典型的褐色环境问题，认为它"不过是一系列的地方环境问题"，甚至担心非洲国家会要求它们提供资金支持。除了罗马教廷外，其他国家或地区都批准了《防治荒漠化公约》，但它没有什么具体的目标，更像是由科学技术委员会及其专家组成立的数据和专业知识的交流中心。这说明如果发达国家对手头的问题不感兴趣，那么即使受到荒漠化威胁的发展中国家拥有一定的破坏力，谈判也很难产生什么具体的结果。在荒漠化的问题上，不再是南方国家反对北方国家对全球环境问题出手，而是南方国家呼吁外部提供支持来解决一个区域性的环境问题，但北方国家却对此毫无兴趣，甚至常常公开表示反对。

　　通过条约的性质，我们可以看到全球南北势力分布背后的复杂逻辑。与关于臭氧层空洞的《蒙特利尔议定书》和关于持久性有机污染物的《斯德哥尔摩公约》截然不同，关于生物多样性、森林砍伐和土地使用的协议并没有对成员方提出任何硬性要求。

相反，它们为南北资源转移提供了指南。关于如何处理危险废物的《巴塞尔公约》并没有禁止贸易，而是要求各国上报贸易信息并支持与能力建设相关的活动。CITES 同样只是对贸易进行了监控、建立了许可证制度，对成员方的国内政策没有施加任何限制。因此，比起那些主要工业化国家大力支持的协议，这些协议的内容要宽松得多。

发展中国家最初拥有大量结构性权力的领域是多边环境援助。当然这并不是一个环境问题，而是一个缓解全球南方环境恶化的机制。当地球峰会召开时，国际社会意识到北方国家对南方国家的援助将在南方国家环境的保护上发挥重要作用。因此，捐助国打算通过多边环境援助来解决受惠国的全球环境问题。发展中国家手握着一些项目，这些项目将推动新的地域性甚至全球性项目的产生。为了确保发展中国家不放弃这些项目，发达国家通过全球环境基金（GEF）等组织向发展中国家提供增量资金。全球环境基金成立于 1991 年，旨在确保具有重大全球或区域环境价值的潜在项目不会因为其潜在的东道主无法从总利益中获得足够多的份额而放弃项目。不论过去还是现在，全球环境基金专门支持那些会在东道主之外产生区域或是全球环境价值的项目。

尽管发达国家掌握了全球环境基金中几乎所有的资金，但实际上，它们在该组织中的结构性权力是相当有限的，因为该组织的目的是协助发展中国家实施它们不愿意单方面实施的项目。这就难怪全球环境基金实行双重多数制，即捐助国集团和受援国集团对所有决定都有一票否决权了。虽然捐助国手握一定的谈判筹码——因为它们掌握着财政资源，但受援国也拥有同样的制衡力，因为它们能威胁要退出该体系。它们毕竟不是全球环保的倡导者，除非有切实的措施确保它们的利益，否则它们没有理由参与合作。更重要的是，因为发展中国家抱怨世界银行偏向捐助国，全球环境基金很快便脱离了世界银行。发展中国家迫使捐助国出手，将全球环境基金从世界银行里除名，从中淋漓尽致地体现了它们拥有的结构性权力。受援国的退出会导致多边环境援助的崩溃，这种实实在在的威胁让受援国拥有足够的权力以减少世界银行带来的影响。

然而，发展中国家也为其在谈判中取得的政绩付出了代价。由于捐助国对全球环境基金的规则心存不满，它们提供的资金总额是极少的。克莱门森（Raymond Clémençon）指出，"从 1991年到 2004 年，全球环境基金安排了 51 亿美元的赠款，还举债了 168 亿美元的额外共同融资。"在 14 年的时间里，这笔捐赠（共计 51 亿美元）平均每年只有 3.6 亿美元。全球环境基金有 140个受援国，因此每个国家收到的捐款微不足道。即使最大的发展中国家因其破坏力而在全球环境基金谈判中拥有巨大优势，但得到的捐款也非常少。"中国是所有国家中得到全球环境基金捐款最多的国家，1991 年到 2004 年平均每年获得了 3 400 万美元。接下来是墨西哥的 1 300 万美元、印度的 1 000 万美元、巴西的720 万美元和菲律宾的 500 万美元。"全球环境基金的资金短缺反映了发达国家面临的信任危机，发达国家因违背承诺而受到了发展中国家的批评。

下面我们来探究制度能力对体系的影响。乍看之下，大量制度能力低下的国家并没有给全球环境合作带来很大的困难，这似乎令人费解。如果制度能力真的像我所坚持的那样重要，那为什么制度能力的匮乏并未对合作造成阻碍呢？为什么世界上大多数国家的制度能力都严重不足，而多边条约机制却仍在源源不断地产生和实施新的公约、议定书和修正案？

制度能力的低下并未阻止南北之间展开必要的合作的原因在于：南方国家的破坏力很低。当制度能力低下的国家没有太多的破坏力时，其低水平的制度能力带来的负面影响也是有限的。例如，在臭氧层空洞问题上，发达国家只需向中国和印度的某些专门领域的工厂提供技术，让它们用更清洁的能源代替消耗臭氧的物质即可。图 2.1 展示了 1986 年各国的人均 GDP（以 2017 年美元为基准）和氯氟烃总产量（万吨）之间具有较强的正相关关系，而贫穷且制度能力低下的国家根本没有生产大量的氯氟烃。事实上，没有一个人均 GDP 低于 1 万美元的国家在这一年生产了超过 50 万吨的氯氟烃。氯氟烃的主要生产国正是那些拥有强大制度能力，能够解决臭氧层空洞的国家，就连中国和印度当时的氯氟烃产量也是微不足道的。

二十世纪全球环境政治体系的最后一个关键特征是自上而下的多边谈判，以及为了解决全球环境问题而制定的具有约束力的目标。1968 年前后，全球环境外交的概念第一次出现在国际政策议程上。之后，多边环境协议接连问世，并且越来越成熟。然而，到了二十世纪末，条约的制定却一下子陷入了无休止的停

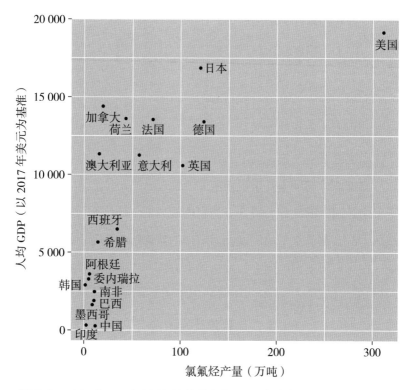

图2.1 1986 年 19 个主要经济体的人均 GDP 与氯氟烃产量之间的关系

滞。肯·康卡（Ken Conca）将该特征称为"法条主义"，因为它
在很大程度上依赖于国际法去解决合作问题。多边条约提出笼统
的目标，框架公约将这些目标明确，并列举了一系列更具体的目
标或方法来实现这些笼统的目标。

　　虽然这种自上而下的谈判逻辑可能只是以"制度同构"
（institutional isomorphism）的方式简单地模仿了其他外交领域，
但它的确适用于许多环境问题的逻辑结构。只要关键参与方的数
量较少且偏好大致相同，自上而下的合作就不难实现。当时的协

议看似涉猎广泛，其中只有少数的参与方扮演着重要的角色。对于当时众多的关键环境问题，包括海洋污染、臭氧层空洞和早期气候变化，联合国的普遍主义逻辑掩盖了这样一个事实：所谓的多边谈判，只不过是具有较强环境偏好和高水平制度能力的工业化国家之间的互动罢了。

以 1973 年的《国际防止船舶造成污染公约》（MARPOL）为例。根据米切尔对这一环境制度演变的全面分析，解决该问题的集体方法从监测海上排放物逐渐转变成了强制安装污染控制设备。协议规定，船舶必须搭载隔离的压载舱或者原油清洗机：

> "对比两个合规系统可以看出，对设备的要求确保了有动力遵守、监督和执行条约的参与者，有能力和权力来执行协议中的关键任务。具体而言，该制度下的综合合规系统成功提高了透明度，规定了有力和可信的制裁措施，利用现有基础设施降低了政府的实施成本，预防了违规行为，这样参与者的合规性就会大大提升。"

但需要注意的是，只有三个国家在积极执行米切尔提到的"有力且可信的制裁"："只有德国、英国和美国经常扣留船只。这无疑反映了一些国家不愿意扣留外国油轮，也反映了大多数油轮一开始就配备了合规的设备。"诚然，通过硬性的设备要求来衡量参与者是否遵守条约是个十分巧妙的监管方法，但如果成员方不惩罚违规者，这一方法便毫无意义。事实上，设备合规制度下的另一条规定，即不给未安装污染控制设备的油轮上保险，本身就反映了成员方去处罚违规者的意愿。如果没有这样的处罚措施，保险公司就不会因为为不合规的油轮投保而损失利润了。

表 2.2 总结了二十世纪全球环境政治的主要成果。它将当时的一些重要环境问题分为"简单"和"复杂"两种情况。在简单的情况下，由同一类工业化国家组成的集团在谈判中发挥了关键的作用。

表 2.2　二十世纪的全球环境政治

简单情况	复杂情况
早期气候变化	森林砍伐
臭氧层空洞	居住地保护
海洋石油污染	危险废物

注：在简单的情况下，合作的可能性和深度都较高；在复杂的情况下，合作的可能性和深度都较低。

在较强的环境偏好和较高的制度能力下，合作变得容易。在复杂的情况下，环境偏好较弱和制度能力有限的发展中国家扮演了主要的角色。据表 2.2 所示，我的模型可以解释大部分谈判结果中的变数，但在气候变化这样巨大的全球挑战面前，即使是简单的情况也可能导致分配冲突的升级。然而，正如我们将在下一章中看到的一样，这些困难和主要新兴经济体的崛起带来的困难相比，还是小巫见大巫了。

第三章

二十一世纪的全球环境政治

全球环境政治体系的转变

表 3.1 总结了全球环境政治体系的主要变化。参与方的数量较之二十世纪末有所增加。新加入的国家破坏力较强，但环境偏好较弱，制度能力也有限。同时，大部分的财政资源还掌握在老牌工业国家手中。二十世纪时，简单的情况和复杂的情况并存，情况简单还是复杂取决于发展中国家的自然资源所发挥的作用。然而，在当今的全球环境政治中，绝大多数的情况都是复杂的。

表 3.1　二十一世纪全球环境政治体系的核心特征

变量	值	变化
参与方数量	多	增加
平均环境偏好	中—低	减少
平均制度能力	中—低	减少
结构性权力分配	新兴经济体掌握破坏力；工业化国家掌握财政资源	不均衡

第一个关键变化是参与方的数量。在上一章中，我调查了一系列环境问题并得出结论：在许多重要的问题上，只有少数国家真正起到了关键作用。这样的结论在二十一世纪不再成立。

现在，参与方的数量大幅增加。这些参与方更加多元化，对环境的热情不高，制定有效的国内环境和能源政策的制度能力也有限。

中国是最初，也是迄今为止影响力最大的新参与方。1990年，中国虽然拥有最多的人口，但仅是世界第五大经济体（购买力平价）；但到了2000年，中国已经成为世界第二大经济体。1990年到2000年，中国的人均能源消耗从767千克增长到1881千克油当量（koe）。1990年到2010年，中国的煤炭消耗量从11.23亿短吨[①] 增长到了惊人的36.06亿短吨。这些数据反映了中国经济增长的巨大规模：这是一次人类发展的大胜利，约10亿人摆脱了赤贫。这一壮举所需的资源也改变了全球环境政治的版图，因为中国成为世界上资源消耗和污染排放较多的国家。

随着中国在全球环境政治中的地位越来越高，其谈判立场的相关研究也成果丰硕。在许多全球环境问题中，中国已被公认为核心国家："未来，几乎所有问题的环境外交都将取决于中国的立场……中国也逐渐意识到自己在全球环境政治中地位的变化。"同时，四十年高速经济增长下，中国的国家机器也经历了环境破坏带来的巨大挑战，并且成功克服了随之而来的众多问题。

印度也紧随中国之后。1990年，按照购买力平价计算，人口排名世界第二的印度还只是世界第八大经济体，而到了2015年，印度已远超日本，仅次于中国和美国，成为第三大经济体。尽管印度的人均能源消耗量仍然较低，但上升势头很快，从1990年的365千克油当量上升到了2010年的600千克油当量。

---

① 短吨为英美单位制中的重量单位，1短吨 ≈ 907千克。——编者注

近几年，其势头呈加速上升趋势，2005 年还只有 479 千克油当量。1990 年印度的煤炭消费总量只有 2.48 亿短吨，但到了 2010 年，已经增加到了 7 亿短吨。

这些数字虽然庞大，但印度的经济活动，尤其是工业活动，规模仍远小于中国。这常常导致观察家们关注中国而忽视印度，然而，这些数据掩盖了一个重要的事实：印度的能源使用和污染排放的扩大化极有可能成为二十一世纪前半叶能源和环境领域的大事件。一个缺乏经验的观察者很容易判定印度远没有中国重要，但精明的、有远见的分析家能洞察到南亚能源经济形势的变化中暗藏的巨大潜在问题。

印度在全球环境谈判中的立场引起了众多关注，这既是因为印度的地位在不断上升，也是因为印度一直以来都十分抗拒合作。印度在全球环境谈判中采取了强硬的亲南方、反殖民主义的立场，谴责工业化国家的虚伪和其无条件的领导地位。虽然在过去，这样的立场并没有对谈判结果造成决定性的影响，但印度经济的崛起已经彻底改变了谈判局势。现在的印度已经有能力改变谈判的结果，在全球环境谈判的各类议题中，印度政府的立场都成了焦点。

其他的新兴经济体的地位也在上升。虽然巴西和南非等中等收入国家仍是当今的焦点，但包括越南、孟加拉国、印度尼西亚和尼日利亚在内的新一批大国的重要性也在日益增加。尽管这些国家的发展没有像中国和印度那样持续性地引人注目，但它们的确变得越来越富裕了。以越南为例，1990 年到 2010 年，越南的人均 GDP（以 2010 年美元为基准）从 446 美元增长到了 1 334

美元。在 2010 年到 2015 年的全球煤炭大潮中，越南创造了超过 8 000 兆瓦的煤炭发电能力，达到了美国的一半。

最不发达的一些国家也在经历着变化。被世界银行标记为"低收入"的国家，它们的年经济增长率在 2004 年至 2010 年超过了 5%，并在 2011 年到 2015 年保持在 4% 以上。相比之下，在 1983 年到 2000 年，这些国家的年平均经济增长率只在 1996 年超过了 5%，1992 年至 1993 年甚至还出现了负增长。尽管有东亚的繁荣在先，但这些数据表明了全球南方国家的经济起飞实际上是最近才发生的。

通过加利福尼亚大学伯克利分校经济学家的研究，我们可以看到这些变化带来的影响之大。研究指出，当今的学术分析可能低估了能源消耗增长的潜力，因为"跨过了第一个收入门槛后，我们看到了（电器）所有权的快速普及……世界上有很大一部分人还没有经历第一次转型，这表明在未来对能源的需求可能会大量增加。"如果数十亿的人在短时间内开始购买冰箱和汽车等能耗设备，那么在接下来的几十年间全球能源消耗量将骤增。除非清洁能源能满足全部这些需求，否则污染物和危险废物带来的后果将不堪设想。

虽然 2020 年新冠疫情引起的全球经济衰退可能会减缓新兴经济体的经济增长，但这解决不了根本问题。新兴经济体必须继续追求经济增长以摆脱贫困，而且这些国家的经济增长一旦放缓，人类发展必将受挫，世界各国对可持续发展的热情也会随之降低。在未来的几十年里，国际社会需要努力协调经济增长和可持续发展之间的关系。

　　最贫穷的国家也开始在谈判中坚持自己的立场。以撒哈拉以南的国家为例，随着时间的推移，这些国家在气候谈判中的立场变得越来越一致和坚定。随着谈判者的经验变得丰富，他们的谈判能力也有所提高，他们也在尽全力地保护非洲新迸发的经济活力。罗杰（Charles Roger）和贝利萨杉（Satishkumar Belliethathan）将非洲在全球气候谈判中的表现归功于其谈判能力的提高，而不是日益增长的破坏力。对他们的证据进行仔细检查后，我们发现，他们关注的指标是错误的：决定这些国家的结构性权力的，不是非洲目前的温室气体排放量，而是未来的排放量。促使非洲在气候谈判中地位上升的不是它们当前的排放量，而是在快速经济增长下，其未来可能大幅度增长的排放量。

　　因此，全球环境政治的参与方在不断变化。中国和印度的关键角色已成定局，其余的新兴经济体也表达了自己坚定的立场，许多国家也即将成为重要的参与方。中国和印度因其庞大的人口成了核心参与方，非洲和亚洲数十亿人的生活也在强劲的经济增长下不断得到改善，这些现象都将给全球环境带来巨大的影响。

　　参与方数量增加的根本原因在于发展中国家破坏力的增强。根据当今环境问题的性质，庞大的人口加上快速发展的经济会带来许多破坏力。尽管到目前为止，大多数的发展中国家和新兴经济体的环境足迹还很有限，但这些足迹却在加速扩张，而且，根据以拥有家电和汽车作为收入门槛的逻辑，其未来足迹的扩张将比今天的扩张更快。中国的崛起让人们意识到了一个新的关键国家（major player）已经加入，但这仅仅是个开始，未来至少还有十几个重要参与方（major players）会出现。当然，这些国家并不具备中国和印度的影响力，但它们对于环境破坏的潜力仍是巨大的，这是对二十一世纪全球环境政治的任何分析都无法忽视的一点。

当这些个体的案例汇总在一起时，便产生了惊人的变化。表3.2 对十个新兴经济体就四个典型的破坏力指标进行了分析：人口、人均能源消耗、人均 GDP 和温室气体排放量。该表通过比较这些指标从 1990 年到 2014 年的变化，揭示了一个关键的趋势：随着时间的推移，全球南方国家的发展速度极快并且已经完全超越了北方国家。在这十个国家中，除了印度尼西亚和缅甸在过去二十年中因成功控制了森林砍伐而在减排方面取得了相当大的进展，剩余国家的温室气体排放量都有所增长。中国和越南等国家的温室气体排放量甚至翻了三番，印度和坦桑尼亚的排放量也逐年快速攀升。

表 3.2　十个新兴经济体的破坏力变化

	1990 年				2014 年			
	人口	人均能源消耗	人均 GDP	温室气体排放量	人口	人均能源消耗	人均 GDP	温室气体排放量（2010 年）
亚洲								
中国	1 119	767	731	3 893	1 364	2 237	6 104	11 184
印度	853	352	542	1 387	1 296	637	1 640	2770
印度尼西亚	178	544	1 653	1 165	255	884	3 693	745

续表

	1990 年				2014 年			
	人口	人均能源消耗	人均GDP	温室气体排放量	人口	人均能源消耗	人均GDP	温室气体排放量（2010年）
孟加拉国	103	120	400	127	155	229	951	178
越南	65	271	446	99	92	660	1 579	279
菲律宾	60	463	1 526	96	101	474	2 613	160
缅甸	41	254	191	875	52	369	1 257	325
非洲								
尼日利亚	93	695	1 369	163	176	764	2 550	292
埃塞俄比亚	46	438	207	67	98	493	449	183
坦桑尼亚	25	382	494	95	50	497	846	234

注：人口以百万计；人均 GDP 以千美元计，以 2010 年价格为基准；人均能源消耗以千克油当量计；温室气体排放量以万亿吨二氧化碳当量计（2010 年）。
资料来源：世界发展指标。

  虽然各国的破坏力发生了显著变化，但其基本的环境偏好却只发生了细微的变化。对发展中国家的案例研究表明，虽然这些国家的政府不再对全球谈判持怀疑或不情愿的态度，但它们仍将经济发展和脱贫置于首位。纳贾姆将国际环境谈判中发展中国家立场的演变归纳为从"争辩"到"参加"，再到最近的"参与"。自 1992 年的里约会议以来，发展中国家对各类环保行动均表达了支持态度，但也始终将环保置于经济发展之后。的确，可持续发展的概念之所以存在，一部分原因本来就是为了向那些以经济发展为首的国家推销环保的理念。

　　就国际环境政策偏好这一要素，可以参考我和塔纳·约翰逊（Tana Johnson）收集的世贸组织贸易与环境委员会（以下简称CTE）的数据。CTE是负责多边贸易体制中环境问题的特别咨询委员会，该委员会为各国和各国际组织提供了讨论与贸易相关的环境政策的机会。尽管CTE的决定没有约束力，但其决定最终会影响到世贸组织总理事会的政策制定。有研究表明，在世贸组织推行的贸易和环境一体化中，CTE发挥了重要作用。

　　我们对1995年到2011年世贸组织成员方在贸易与环境委员会上发表的所有重要宣言进行了梳理。我们关注了亲南方国家和支持贸易的发言频率这一变量，并且比较了世界银行划分的不同收入国家群体（低收入、中低收入、中高收入、高收入）之间此类发言的频率，发现高收入国家只有10%的发言是支持贸易的，而低收入国家支持贸易的发言却高达24%。至于亲南方国家的发言量，差异就更显著了：高收入国家只有11%，而低收入国家高达36%。"基础"（BASIC）四国，即巴西（Brazil）、南非（South Africa）、印度（India）和中国（China），支持贸易的发言占22%，亲南方国家的发言占32%。总之，发展中国家之间呈现出了较强的统一性：发展中国家发表亲南方国家和支持贸易的声明的比例比工业化国家要高得多，且不论是拥有话语权的"基础四国"还是最不发达的国家，和工业化国家之间都存在这样的差异。这样的结果反映在贸易与环境关系的讨论中，南北差异依旧不容小觑。

　　另一项关于气候谈判中国家偏好的分析，可参考费德里卡·吉诺维斯（Federica Genovese）的研究。她指出，发展中国家的偏好非常一致且与工业化国家不同。她对各国在 2001 年至 2004 年关于《京都议定书》的会议和 2008 年至 2011 年关于未来气候制度的会议上提交的官方文件进行了定性和定量分析。在这两个时间段，各国的立场呈现出了传统的南北差异：工业化国家发表了积极的、充满雄心壮志的声明，而南方国家的声明则较为保守，关注点也不同。由此，我们再次看到了一个熟悉的模式：在气候变化这一当今世界最紧迫的环境问题上，工业化国家和发展中国家之间仍存在着巨大的分歧。一方面，工业化国家，特别是德国等欧洲强国，积极强调保护大气的可能性和重要性；另一方面，发展中国家则一再重申对经济发展受挫的担忧。强国利用谈判来讨论国际性的目标和领导方式，而弱国则将重点放在了责任、主权和补偿等议题上。

　　这种模式也有例外。在小布什总统（共和党）执政的 2001 年到 2008 年，美国对环保的投入度就远远低于克林顿和奥巴马执政（民主党）时期。在小布什的任期内，美国试图通过建立标准较低的"亚太伙伴关系"来破坏《京都议定书》，并威胁将暂停对全球环境基金的资助。那时的美国阻碍了在全球范围内环境合作的有效开展，小布什政府对环保的消极态度让人们感到非常失望。直到奥巴马上任，美国才重返标准较高的联盟来共同应对气候问题，制定了新的环境法规来控制二氧化碳排放，实施了新的效率标准来降低运输中的排放，并在《巴黎协定》的谈判中起到了建设性的作用。奥巴马政府在《巴黎协定》的谈判中取得的关键性成果之一是与中国达成了双边气候协议。特朗普总统就任后，美国的行政部门再次走上了反气候保护的道路，开始与国际社会保持距离。随后，拜登政府再次反其道而行之，宣布美国重新加入了《巴黎协定》。

但这些例外并没有反映出美国环境偏好的根本转变，只是反映出了该国按照传统方式改善环境的成本在不断发生变化，这些举措充其量只是小范围内的政策调整。尽管各国的立场会随其在世界经济中的地位和国内的情况而波动，但几乎没有证据表明南北国家之间存在真正的共识。某些工业化国家的官方立场会随着不同政党赢得选举而波动，且这种波动在美国等两极化社会中被放大，但这些波动只是暂时的，政策波动只会围绕着一个相对稳定、缓慢移动的平均值展开。而在新兴经济体中，这样的波动要小得多，它们的共识框架是可持续发展和绿色增长，经济扩张和脱贫是其核心目标。

新兴经济体对环境保护的意愿是比较强的，它们中有的大量投资了绿色经济。例如中国就在可再生能源发电方面经历了令人叹为观止的发展，这主要是出于对以污染和用水量较少的替代品取代燃煤电厂的迫切需求，以及能源安全方面的考虑。中国2012年的能源政策就已经指出：

"大力发展新能源和可再生能源，是促进能源多元化和清洁化发展、扶植战略性新兴产业的重要举措。这也是保护环境、应对气候变化、实现可持续发展的迫切需求。通过坚定不移地发展新能源和可再生能源，中国力争在'十二五'

结束之前，将非化石能源在主要能源消费中的比例提高到11.4%，发电装机容量提高到30%。"

中国对低碳能源的热情令国际社会十分欣慰。

未来，更多的国家将从"发展中国家"的行列中"毕业"，进入工业化国家的行列。环境库兹涅茨曲线以及历史上的一些案例，比如智利的工业化和加入经合组织，都表明了在这个时期政府的环境偏好会发生改变。但很可惜，主要的新兴经济体离"毕业"还差了几十年。另外，通过分析过去几十年的多国数据，我们可以看到，就算硫排放等常规排放开始减少，但仍没有足够的证据证明新兴经济体的二氧化碳等污染物的排放量在降低。

尽管随着工业活动和发电对煤炭依赖的减少，中国的排放量已经度过了峰值，但工业活动从中国转移到其他新兴经济体后，排放量可能会再次激增，类似于中国在 21 世纪初的二氧化碳排放情况。可再生能源的发电比重的上升说明这样的排放激增是有可能避免的，但能源需求的增长仍将使新兴经济体的温室气体排放量继续增长。越来越便宜的清洁技术，再加上热浪和洪水等不断滋生的环境问题，促使新兴经济体走上可持续发展的道路，但当下，经济增长仍是其首要目标。

在风云变幻的全球环境政治格局中，各国制度能力的变化却十分有限，这是一个非常有趣的现象。虽然中国等新兴经济体显著提高了其环境政策的制度能力，但这种提高大多滞后。各国在制度能力有些许改善的情况下实现了经济增长，这是当今新兴经

济体经济增长的特征。这些国家的经济发展轨迹与东亚那些发展
型国家存在着巨大的差异。

图 3.1 中的数据同样来自全球治理指数。该图列举了三个尤
为重要的行政要素：政府效率、监管质量和腐败控制、估值的变
化。数据对比的年份是 1996 年和 2019 年，我们可以通过比较结
果看到，制度能力在整体上并未出现改善的趋势，大多数国家甚
至在至少一个指数上出现了倒退。只有埃塞俄比亚和缅甸这两个
国家呈现出了全方位的改善趋势，可我们将在第六章中看到，埃
塞俄比亚爆发了内乱，缅甸也经历了军事政变，它们都面临着非
常严峻的政治挑战。

当今新兴经济体的经济增长并不依赖于韦伯氏的官僚体制，
这在某种程度上导致了制度能力的固化。新兴经济体的经济增长
并不会提升其保护环境和自然资源的能力。技术的进步、经济的
开放、将私营企业的活力从之前封闭且效率低下的社会中解放出
来的经济改革，这些因素都带来了新机遇，驱动了新兴经济体的
经济增长。这种增长的关键特征是，即使没有国家层面上全面
的、跨部门的制度能力，这样的高水平增长也是有可能实现的。
虽说技术的改进、对贸易和投资的开放、自由化的经济改革并不
是在所有情况下都能创造增长，但总体来说，它们的确有效地应
对了世界各地的经济问题。它是对付贫困问题的利器，但同时也
意味着，今天大部分的经济增长并不是该国的政府所能控制的。
因此，经济扩张的环境成本是十分高昂的。

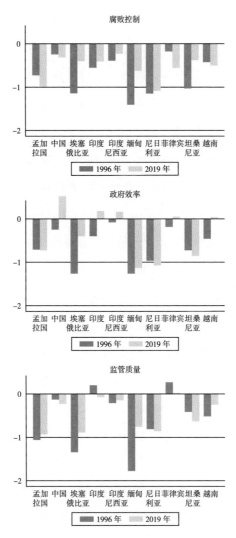

图 3.1　十个新兴经济体制度能力的变化

注：分数在 −2.5 和 2.5 之间，数值越高，表现就越好。这些新兴经济体（ISO3 代码）分别是孟加拉国（BGD）、中国（CHN）、埃塞俄比亚（ETH）、印度（IND）、印度尼西亚（IDN）、缅甸（MMR）、尼日利亚（NGA）、菲律宾（PHL）、坦桑尼亚（TZA）和越南（VNM）。

制度能力有限的提升都集中在了与工业化和基础设施建设直接相关的部门。新兴经济体的体制改革，无论是在外部压力下被迫进行的，还是为了促进经济增长而自愿进行的，重点都放在了能够快速产生经济效益的自由化政策上。当今最重要的两个新兴经济体，中国和印度满怀雄心壮志，分别在 1978 年和 1991 年启动了一系列改革，重点都放在了促进投资，提高出口竞争力以及获取技术上。在两场改革中，政策制定者的首要任务是允许私营企业扩张，提高生产力，并在先进技术的应用上追赶别国。这两个国家的环境改革在很大程度上是后来才开展的，且规模十分有限。

在许多情况下，即使制度能力有限，经济增长还是有可能实现的。在这一点上，中国和印度之间的差异非常具有参考价值。在中国，行政机构主导了政策的设计和实验，政府机构在经济增长中发挥了核心的作用。中国的经济改革是在一个有能力的、不断发展的政府机构的掌控中进行的。通过各省级地区进行的政策试验，国家可以一边适应一边找到解决问题的方法。而印度的情况则恰好与中国相反。1991 年印度改革的许多伟大成果都是政府从某个经济领域撤出，允许内部和外部互相竞争后产生的。印度在某些领域采用了私有化和自由竞争的政策，减少了政府的存在感，让私营企业可以提高生产力和创造价值。印度最为突出的经济增长就恰好集中在这些领域。

遗憾的是，薄弱的制度能力大多集中在了弱国内。许多研究可持续发展的学者已经注意到了制度能力的缺失和环境恶化之间的关系。比如，康卡指出，遭受了内战或法制崩溃的地区的环境质量往往会恶化。当国家的中央及各级政府失去治理能力的时候，环境破坏现象就会频发。其中非法活动尤甚，毕竟在内战和法制崩溃的大环境下，企业和个人随意开采自然资源、处理危险废料和污染也不会受到法律制裁。

这样的现象令人不安，揭示了有限的制度能力可能带来更糟糕的后果。我们本以为，新兴经济体的经济扩张会带来最坏的环境后果，但在内战和法制崩溃的情况下，一个国家几乎不可能去发展经济。中国在环保方面展现出了杰出的制度能力，但印度和其他新兴经济体是否能够像中国一样，在可再生能源部署等关键问题上进行转型，还是个问题。最糟糕的是，中国的成就会让人们对新兴经济体主导下的全球环境政治的未来持有过于乐观的态度。

全球环境政治的转变

新兴经济体日益增长的结构性权力、较弱的环境偏好和僵化且低下的制度能力，已经在三个重要的方面改变了全球环境政治。首先，合作的可能性在降低，全球环境谈判变得更加困难；其次，合作的深度在降低，自下而上的、约束性较低的合作方式的吸引力和竞争力随之提升；最后，作为附带影响，更多的全球环境合作是由新兴经济体的积极性所驱动的，并基于人类可持续发展的说辞，而不是环境保护本身而展开。以上三个变化都和国际政治经济结构的宏观变化有关。

二十一世纪的全球环境谈判可谓举步维艰。比起二十世纪末在关键的全球和区域问题上不断涌现的环境条约，二十一世纪初的"涓涓细流"十分不起眼。2002年约翰内斯堡峰会以后几乎就没有新的环境合作了，并且这种状况在未来几年也不一定会改善。《水俣公约》和《巴黎协定》则是这一趋势中的例外。《水俣公约》是一个重要的进步，但其成功主要得益于适用于特定部门的简单解决方案。《巴黎协定》顺应了全球环境政治重心的转移：谈判者适应了不断变化的现实，启用了灵活和去中心化的解决方案。这些方案尊重国家主权，不要求政府对它们可能无法实现的目标做出承诺。

结构性权力强、环境偏好薄弱、制度能力有限的国家数量的增加，直接限制了谈判的进展。在全球环境谈判中，拥有大量破坏力和较弱的环境偏好的关键国家越来越多，这使得谈判和强制执行越来越困难。这些国家的低制度能力带来了更加严重的后果，因为即使它们想保护环境，也心有余而力不足。

结构性权力的双重分布给全球环境谈判带来了更大的困难。新兴经济体不仅拥有破坏资源的能力，而且深知工业化国家仍掌握着绝大部分的财政资源和技术能力。新兴经济体要求财政和技术方面的支持以补偿它们减少环境足迹所付出的成本，这给谈判造成了障碍。新兴经济体变得强大了，但它们和工业化国家在资助环境和能源项目的能力上仍存在差距，这样一来，新兴经济体会在谈判中积极提出要求，因为一旦成功，它们就可以从财政援助和技术转让中获得物质利益。

如果新兴经济体拥有强大的环境偏好和足够的制度能力来解

决它们的环境问题，它们不断增长的数量和破坏力并不会给环境合作带来无法克服的障碍。可惜的是，薄弱的环境偏好和有限的制度能力相结合，放大了新参与方和其结构性权力带来的负面影响。下面我将逐个分析这些影响。

新兴经济体的环境偏好的持续走低，意味着当破坏力增长时，这些国家会为了经济增长而牺牲环境。不管是出于对社会适应的考量，还是对环保本身感兴趣，如果社会和政治精英对环保的态度十分坚决，那么一个监管着具有巨大排放增长潜力的巨型经济体的政府并不需要过多担忧排放或资源过度消耗的问题。然而，这些政府的首要任务是保持经济增长、减轻贫困。

有限的制度能力还带来了另一个潜在的影响。一方面，即使新兴经济体愿意改变环境政策，制度能力的匮乏也会阻碍它们颁布或实施有效的政策。另一方面，关于补偿新兴经济体的环保成本的谈判也变得复杂。新兴经济体会要求传统工业化国家支付额外的费用，而工业化国家出于对资源转移的担忧，会对支付这种费用表现得犹豫不决。

第二个重要的变化是，在由谈判产生的环境合作中，自下而上的合作模式开始涌现。与二十世纪以法条为中心的多边模式不同，二十一世纪多数的谈判成果强调了自下而上的方法。《巴黎协定》便是其中最典型的例子：它允许各国政府制定自己的目标，同时建立了监督、同行压力（peer pressure）和使这些目标逐步升级的体系。虽然在 1972 年斯德哥尔摩峰会后的几十年间，以法条为中心的多边模式逐渐受到欢迎，但近年来，多边主义却陷入了停滞，公众开始寻求多边条约的替代方案，不再认为去中心化的方案是低级或者不合规的；恰恰相反，现在许多学者和从业者认为这是十分可靠的前进方向。从早期的"麦迪逊式气候政策"开始，许多学者看到了去中心化方法的优点，关于气候变化的《巴黎协定》就是该方法最著名的实践案例。

虽然工业化国家的国内政治使环境合作复杂化，但这并不影响我论点的主旨。在国内和国际层面上，民主工业化国家政府的环境立场都发生着变化，毕竟变化是民主社会的本质。但不论怎么波动，其整体上对环保的支持是不变的，尤其从支付意愿上来看，工业化国家仍然强于其他国家。

为了理解这一点，我们来看看美国退出《巴黎协定》带来的影响。2017 年 7 月 1 日，特朗普总统宣布美国将退出《巴黎协定》，这一决定受到了国际社会的普遍谴责。事实上，这个决定和小布什总统拒签《京都议定书》、淡出全球气候合作有异曲同工之妙，只是小布什的行动没有这么张扬。尽管如此，这两个情形仍然非常不同。

二十一世纪初期，美国既是最大的排放国，又是气候制度中最重要的参与方，没有美国参加的气候制度是不可想象的。早期关于《京都议定书》的研究甚至认为，在美国不参与的情况下，其他工业国家批准该协议书是令人费解的。美国是一个高度两极化的社会，与联邦政府相反，美国的许多州、市和企业宣布支持《巴黎协定》。然而，美国的退出并没有阻止其他国家前进的步伐，因为美国的排放量和在全球总量中的占比都在持续下降。虽然国际社会对 2021 年初拜登政府重返《巴黎协定》表示了欢迎，但事实上，美国的回归并没有对世界各地的能源、环境和气候政策产生根本性的影响。

今天，美国既不是最大的排放国，在政治上也不是最重要的参与方了。在排放问题上，中国成为更为举足轻重的国家。得益于能源效率、天然气和现代可再生能源的发展，美国的二氧化碳排放量迅速减少，这意味着即使特朗普政府做出了荒唐、滑稽的举动，但就整体而言，美国的排放足迹对全球气候还是有利的。同时，中国对可再生能源投资的扩大化得到了全世界的认可。现在，所有的目光都投向了印度，将其视为下一个全球气候政策的前沿阵地。因此，虽然小布什政府的退出对全球气候合作是一个致命的打击，但到了特朗普时期，虽然更加明目张胆，但美国的退出对《巴黎协定》的威胁减弱了许多，这既得益于条约设计的创新，也是因为世界局势已经今非昔比。

总体而言，全球环境政治再次遵循了 1971 年《拉姆萨尔湿地公约》的精神。在所有主要的多边环境条约中，《拉姆萨尔公约》展示了技术官僚是如何在既不施加约束性义务，也不要求大量财政投资的情况下签订条约的。今天关于气候变化、森林砍伐和其他一系列问题的讨论，让人不禁想起马修斯（Matthews）所记录的《拉姆萨尔公约》的谈判过程。虽然今天的环境谈判并不是技术官僚的专利，但避免政治纷争和事倍功半的承诺的方法，与冷战阴影下的拉姆萨尔会谈中使用的方法十分相似。谈判桌前的人可能换了一批又一批，但该方法的核心特征却被保留了下来。

拉姆萨尔方法的"复活"是个好消息也是个坏消息。一些环保主义者对全球环境合作中要求的降低和灵活性的增加表示了关切。他们指出，在今天如此宽松的要求下，各国就算尽力兑现环境目标，取得的成果也是有限的。虽然这是事实，但他们忽略了强调目标和时间表的传统多边方法可能带来的后果。思想实验的结果表明，回归拉姆萨尔的做法之所以更有利，是因为在新兴经济体的时代里，基于少数关键参与方相对单一的偏好而形成的僵化的方法可能导致合作彻底失败，2009 年的《哥本哈根协议》就是一个典型的例子。

相比之下，2015 年的《巴黎协定》成效显著。尽管到目前为止，它还未能实现快速减排，但这恰恰说明了当参与方众多且需求多样时，开展全球环境合作是多么困难。当问题的解决需要大量国家的参与，而这些国家既不愿意也没有能力实施成本高昂的政策时，通过自上而下的方式取得成功的可能性并不大。如果政府就有约束力的条款进行谈判，重要的参与方就不会加入协议；就算加入了协议，这些国家在条约的实施上也不会取得实质性的进展。因此，合作有必要采取去中心化的方式，尊重参与方政府各自的主权和不同的偏好。考虑到新兴经济体有限的制度能力，以及对为了保护环境而牺牲经济增长的抵触，除了局部问题可以通过简单的技术手段解决外，几乎没有其他的好办法来代替去中心化的行动。

参与方数量的增多本身就和当今"制度综合体"的复杂性有

关。从生物多样性到气候变化，自上而下的制度往往被互相关联的一系列制度所组成的"制度综合体"所取代，且这些制度之间并不和谐。在众多参与方偏好不同的情况下，这样复杂的情况并不令人惊讶。当解决全球环境问题需要大量国家参与，且这些国家在实操过程中又遇到了重重困难时，自上而下的制度往往会被不规则的子制度的组合所取代，而这些子制度会由非政府的团体或个人组成，也就不足为奇了。私人治理、非官方活动的增多，以及政府的大力支持，共同促成了这一转变。当各政府不能就单一制度的基本规则达成一致时，规模较小的团体可能会尝试取代政府的角色来达成合作。各类团体不仅为了它们认可的治理方式而努力，还会对其他团体的倡议做出回应，一来一去，"制度综合体"就形成了。在气候变化的问题上，当小布什总统利用"亚太清洁发展和气候伙伴关系"对《京都议定书》做出回应时，我们也看到了"制度综合体"的活跃。

制度能力在这里也是一个重要因素，因为制度能力的匮乏意味着政府将无法实施政策，制度的扩散和分散也反映出了在不同的地区和社会条件下取得进展的根本困难。在存在大量制度能力有限的国家的情况下，实施一个对所有类型的国家都具有约束力的全球统一制度是不可行的。一些制度能力强的国家可能更愿意参与由有能力且尽心尽力的参与方组成的小团体，而制度能力薄弱的国家可能更喜欢一个可以包容有限的制度能力，甚至会将提高制度能力作为核心目标的制度。因此，世界政治中制度能力的分歧也导致了环境制度的复杂化。

今天，非政府团体和个人在全球环境政治中扮演了越来越重要的角色，这也和新兴经济体的崛起有关。当政府无法实施雄心勃勃、具有法律约束力的承诺时，其他替代方案便应运而生，譬如私人治理。当政府无法对政策负责时，通过政府委托或独立活动等方式，团体和个人加入了环境治理。有时是政府认为民间应该自主执行某项任务，譬如产品认证；有时是民间团体自发积极地着手解决某个问题，以填补国家间合作失败留下的空白。

这样的权力下放可能与新兴经济体的崛起有关。首先，二十一世纪多边条约的缔约困难为民间团体和个人创造了机会。二十一世纪初，随着环境合作的失败，紧迫的环境问题变得无人问津，这为私人治理提供了大量机会。其次，新的发展中国家带来了传统体系无法解决的挑战，这为民间团体和这些新兴经济体中有能力且活跃的个人带来了机遇。中国和印度等国的政府主动为民间团体提供机会，因为这些国家的环境政策才刚起步，还不够成熟，需要有能力和知识的第三方的协助。

我想强调的全球环境政治的第三个明显变化是新兴经济体实力的不断增强。观察美国和西欧国家的立场就可以大致预测谈判结果的时代已经过去了。今天，所有的目光都集中在了中国和印度这样的国家上，鉴于它们强大的结构性权力和在谈判中的决定性角色，这些国家的破坏力不仅使全球环境合作变得更加困难，还将环境合作的重点从富裕的工业化国家为首要任务转向了南方国家为首要任务。从汞谈判到《哥本哈根协议》和《巴黎协定》，我们看到新兴经济体在谈判中扮演了至关重要的角色，其直接决定了合作的内容和成败。

结构性权力在这一转变中发挥出了显而易见的作用，对此我不再赘述。同时，新兴经济体较弱的环境偏好发挥的作用虽然微妙，但其重要性并不输结构性权力。关键缔约方之间一系列环境偏好的变化促使发展中国家采取了更为激进的谈判立场。新兴经济体因其结构性权力而获得了谈判筹码，而薄弱的环境偏好促使它们使用这些筹码来反对工业化国家的提议。就对谈判结果和政策实施起到了关键作用的国家而言，新兴经济体的崛起意味着在这些国家中，支持激进的环境政策和反对这些政策的国家之间的鸿沟在扩大。随着权力的天平向环境偏好较弱的国家倾斜，全球环境合作遇到了新的障碍。

由于新兴经济体的偏好与传统工业国家的偏好有很大不同，谈判的焦点也发生了变化。今天，对全球环境的关注比以往任何时候都更多地集中在可持续发展和绿色增长上，经济发展成为全球环境议程上的核心内容。绿色增长非但没有限制全球经济的发展，反而将环境保护变成了一种商业行为，进一步深化了对利润的追求。

随着世界经济转型的深入，这样的重点转移并非意外。如果新兴经济体是关键，为了确保能得到它们的支持，就必须关注它们所关心的问题。除非全球环境治理能够给新兴经济体的政府带来切实好处，否则这种治理对解决世界重大环境问题和对人类文明的威胁并无帮助。任何无法获得新兴经济体支持的框架都会失败，从而导致全球环境进一步恶化。

二十一世纪的环境政治

仔细评估全球环境政治的主要趋势后，可以得出一个令人沮丧的结论：世界正朝着一个令人不安的方向发展，全球环境机构在阻止生态恶化方面所起的作用比二十世纪后几十年要小。今天的全面谈判有众多的参与方。新兴经济体掌握着大部分的破坏力，它们薄弱的环境偏好和有限的制度能力随时可能加剧环境恶化，而就环境恶化进行谈判存在困难。环境合作中的成功是基于自下而上的巴黎战略；多边制度只在关于汞问题的《水俣公约》这一个例外上继续发挥了作用。

从自上而下的条约框架转向了更灵活的、自下而上的框架，这反映了世界经济和国际关系的结构性转变。人口众多、经济增长强劲、环境偏好较弱、制度能力有限的新兴经济体的迅速崛起颠覆了二十世纪环境条约制定模式的基础框架。当拥有大量破坏力的关键参与方数量众多，且偏好和制度能力都不利于开展积极的环境行动时，谈判并强制执行有约束力的条约是行不通的。就算多边谈判中存在这样的解决方式，它也终将会失败，因为主要的新兴经济体要么选择不遵守，要么无法遵守条约。

好消息是，政策制定者已经意识到了这种转变。《巴黎协定》等条约和"里约+20"等峰会表明，政策制定者已经意识到了全球环境政治的新现实，并且正在调整他们的战略以迎合新现实。

虽然还有待改进，但与继续依赖二十世纪七八十年代制定的僵化且自上而下的战略而白费力气相比，目前的战略已经有了很大的改进。

第四章

三个国际环境制度的演变

在前两章中，我们笼统地探讨了全球环境政治的演变。虽然这样的概述对于分析新兴经济体的崛起带来的变化是必要的，但细节的缺失难免会让自上而下的观察忽略重要的范围条件、因果机制和论证的局限性。毕竟，我们需要通过分析全球环境政治变化的逻辑来理解具体问题领域和制度的变化。

在回顾了全球环境政治的宏观变化后，我将探究三个重要的国际环境制度的发展轨迹：化学品制度、生物多样性制度和气候变化制度。克拉斯纳将"制度"定义为"在特定的问题领域中，行为者预料的原则、规范、规则和决策程序。"这三个制度在全球环境政治中皆扮演了重要的角色。化学品制度负责管理工业化社会中潜在危险化学品的全球和区域使用；生物多样性制度负责保护全球珍贵物种、生态系统和栖息地；气候变化制度负责缓解全球环境的终极问题——由温室气体排放而导致的大气变化。

由于三种制度出现在二十世纪末，并且都是全球环境政治架构的核心，它们提供了一个探索制度内部演变的机会。我研究了三种制度长期以来合作的可能性和深度的变化，总结了每个制度的全球合作情况，并找出了变化背后的驱动因素。化学品制度持续发展，在处理许多有毒有害物质上成果显著。相反，生物多样性制度却一直很薄弱，这让自然环保主义者感到失望。气候变化谈判是所有谈判中最难开展的，虽然谈判阻碍重重进展缓慢，但各国政府已经开始改变策略以适应新的南北国家的现实。

对三种制度长期变化的比较带来了以下两点思考。首先，全球环境政治的整体演变模式是否也存在于特定的制度中。我推测，在三个制度中，随着环境偏好较弱、制度能力有限的新兴经济体的重要性日益增加，谈判将更加复杂化，原先自上而下的谈判模式会发生改变，并且发展议题在谈判中的地位会得到提升。随着具有雄厚结构性权力的新兴经济体越来越多，传统多边主义将难以为继，谈判会走向一个新的模式。

其次，问题领域的不同性质将带来不同的变化。这三个问题领域的特征各不相同，譬如合作的难度、最初谈判立场中南北国家的差距等。全球环境政治的某些领域可能跟我的理论适配度更高；在某些领域，我的理论可能是无效的，甚至是误导性的。通过审视理论在不同环境下表现出的优点、缺点和隐藏的因果机制，我们不仅可以了解理论的适用范围，而且还可以提高我们对理论内部逻辑和一致性的理解。

首先我将回顾每个制度的演变过程，并考察本人理论与其的适配度。我将论述三种制度都面临着同一压力——由新兴经济体不断增长的力量而来，但不同的问题特征产生了不同的反应。这三种制度一开始都采取了多边模式，新兴经济体的崛起使传统的多边模式不堪重负，引发了棘手的"南北冲突"。在三种制度中，谈判都因参与方环境偏好的不同和制度能力的变化而变得复杂。

如表4.1所示，这样的变化给各制度带来了不同的影响。化学品制度适应得较好，因为该制度聚焦于具有巨大的技术创新潜力的特定产品和工艺，所以尽管权力分布、环境偏好和制度能力发生了变化，合作仍能维持下去。生物多样性制度受到的影响较大，但没什么变化。该制度本就偏袒发展中国家，因为发展中国家几乎掌控了所有关键的自然资源。气候变化制度则经历了一场大风暴。不断加深的南北冲突迫使谈判方向完全转变，新的方向认识到了制度能力有限的新兴经济体的强大议价能力，在此基础上产生了新的体制方法，《巴黎协定》就是一个例子。

表 4.1　全球环境政治中的三个制度

	二十世纪	二十一世纪
化学品制度	合作水平高； 重点放在工业化国家	合作水平高； 对发展中国家实施补偿和豁免
气候变化制度	合作水平较低； 跨大西洋冲突	合作水平低； 更强调主权和灵活性
生物多样性制度	合作水平极低； 南北冲突	合作水平极低； 南北冲突

注：该表比较了三个制度在全球环境政治中的发展轨迹。

化学品制度：一定程度的成功

化学品制度是较为成功的国际环境制度之一，频繁的合作有效地缓解了一些问题。长期以来，它推动着保护生态系统和人类健康免受有害化学品影响的国际行动。化学品制度下的主要条约承载了人类向更清洁更安全的化学品过渡的使命，各国也遵守了关键条款，表现得十分出色。2001 年的《斯德哥尔摩公约》对一系列高度危险的化学品实施了全球禁令。至今所有证据都表明，禁令的实施是成功的。

令人惊讶的是，2002 年约翰内斯堡会议之后，化学品制度下《水俣公约》是国际社会达成的唯一多边条约，也是 2001 年 9 月 11 日以来唯一进行了谈判的主要多边条约。《水俣公约》是史上第一个关于汞问题的条约：尽管多边条约的制定陷入了无休止的停滞，但在化学品制度下，既具有政治意义又全新的问题领域产生了一个新的条约。2009 年 12 月的哥本哈根峰会标志着全球环境政治的低谷。当全球环境政治陷入瘫痪，汞从业者们却开始了他们的谈判。他们默默稳步向前，为一个重要的环境问题签订了条约，而且这个问题当时还并不属于任何制度或国际层面的治理结构。

1989 年的《巴塞尔公约》是化学品制度下的第一个重要多边条约，虽然当时的化学品制度尚未形成。当工业化国家的环境法规导致国内危险废物的处理成本大幅提高时，危险废物的国际贸易问题便随之出现。正如克拉普所说，"由于非洲大陆国家都很需要外汇，在 1980 年代中期，它们是废物贸易商的热门目标，毕竟运输成本不高，倾倒费用还很低。"因此，不论是欧洲还是北美，都没有在源头上对废物进行安全处理，而是委托了废物贸易商来处理，但许多贸易商的声誉却颇受质疑。

无论过去还是现在，这种做法的环境成本都很高。1988 年，一个叫"A.S. 散装运输"的挪威航运公司"在科纳克里附近一个名为科萨（Kssa）的度假岛上的废弃采石场倾倒了 15 000 吨名为

'砖头原料'的材料。"可倾倒后不久，度假岛的游客就注意到原本郁郁葱葱的植被开始发蔫枯萎。"根据政府调查，这些材料是来自费城的焚烧炉灰。该合同协商了在几内亚处理 85 000 吨的化学废物，这是其中的第一批。"在挪威名誉领事西格蒙德·斯特罗姆（Sigmund Stromme）的掩护下，这家航运公司在谈判中说了谎，声称将在废弃的采石场倾倒一种完全无害的物质，但事实上，这些物质是毒性很强的危险废物。在几内亚有限的执法能力下，该公司抱有了一丝侥幸心理。类似的做法一直持续到了今天，废物贸易商在非洲倾倒的电子废物也越来越多。

联合国环境规划署（UNEP）意识到了危险废物问题的严重性，为了制定具有法律约束力的国际条约来管理危险废物，于 1987 年启动了初步谈判。1989 年 3 月，116 个国家代表参加了在巴塞尔举行的全权代表会议，这次会议为最后的谈判奠定了基础。谈判中，一些极不发达的国家和它们的环保主义盟友要求全面禁止危险废物贸易，但此举却遭到了工业化国家的反对。比起全面禁令，工业化国家更倾向于采取监管的方式。这种分歧的出现并不令人意外，毕竟限制危险废物贸易对工业化国家没什么实质的好处。只要工业化国家能将危险废物继续倾倒给发展中国家，就可以避免处理这些有毒材料的高成本。

这些分歧让巴塞尔谈判的最后阶段充满了争议。最后谈判的结果明显有利于支持监管而不是全面禁止的国家。的确，《巴塞尔公约》在许多方面是一个相当薄弱的条约，它只监管国家之间废物的运输，对废物的处理、责任的分配和赔偿没有作出规定，也不会强制执行条约。这表明了致力于提升极不发达国家监管能力的、较为保守的方案在谈判中占了上风。一项只监管却不禁止危险废物贸易的条约诞生了。

《巴塞尔公约》的核心原则是知情同意原则。该公约并没有禁止危险废物贸易，只是要求成员方的废物贸易商在运输前将情况告知接收方，并征得同意。因此，条约的目的是帮助危险废物的接收方在知情的情况下决定是否接受，以及如何接收这些进口品。也就是说，这里的重点是阻止危险废物的非法转移，因为在未经授权或违背国内政策的情况下倾倒危险废物，会导致许多无法控制的问题。

毕竟《巴塞尔公约》要求各国做出的实质性改变很有限，经20 个国家批准后，该公约于 1992 年顺利生效也就不足为奇了。截止到 2016 年 10 月 30 日，《巴塞尔公约》的缔约方达到了 184个，包括了世界上几乎所有的国家。有趣的是，正如马尔库和乌尔佩拉所指出的，越是制度能力低下的国家，越倾向于快速批准该条约："在同样的时间点，政府能力较强的国家批准公约的可能性明显低于政府能力弱的国家。对此的解释如下：条约在提高发展中国家监管能力的同时，也提高了发展中国家从这些活动中获取租金的能力。"因此，发展中国家表面上对全面禁运的支持掩盖了它们的真实利益所在：它们可以加强监管能力，并从危险废物贸易中获取收益。

在 1995 年《禁令修正案》的谈判中，关于危险废物的合作遇到了大麻烦。出于对《巴塞尔公约》中的有限适用范围和保守目标的不满，一些乐于发声的环境团体和发展中国家政府组成的联盟要求全面禁止危险废物贸易。他们认为，针对危险废物造成的社会环境问题，全面禁运是唯一的解决方法，这样的论点也出现在了之后更广泛的化学品议题的谈判中。

《禁令修正案》充满争议，最终因为没能获得足够多国家的支持而无法生效。澳大利亚和美国等危险废物的主要工业化出口国反对该禁令。更重要的是，许多新兴经济体也反对它。马尔库和乌尔佩拉指出，南非和印度等国家明确表示了对禁令的反对，它们更愿意继续进行危险废物贸易。尽管奥尼尔等评论家认为在千年之交，危险废物制度"正趋向于禁止富国向穷国倾倒废物的原则"，但现实中，《禁令修正案》因为愿意批准它的国家数量太少而未能生效。

区域性的禁令也未能通过。1991 年，非洲国家签署了《禁止向非洲进口危险废物并在非洲内管理和控制危险废物越境转移的巴马科公约》（以下简称《巴马科公约》），并于 1998 年生效。可《巴马科公约》仍是一只"纸老虎"。它没有实质的秘书处，也没有任何其他证据证明它为执行进口禁令做出了努力。

《禁令修正案》谈判后，危险废物制度几乎没能取得任何新进展。没有了充满争议的《禁令修正案》，《巴塞尔公约》进入了一个保守（low-ambition）的平衡状态，重点被放在了能力建设和技术援助上。虽然在提升政府能力方面有一定的成效，但它仍是一个保守的条约：它并没有致力于"解决"危险废物贸易问题，而是在一些边缘问题领域打转。同时，电子废物等新的挑战已经出现，而该条约一直未能有效地应对这些问题。2007 年，专注于危险废物问题的非政府组织"巴塞尔行动网络"（the Basel Action Network）在一篇题为《是时候意识到全球电子废物危机了》的煽动性文章中写道："除非对非正规部门进行改革，否则发展中国家将永远无法以一种可持续的方式管理废物，甚至是管理它们自己的废物。只要它们能轻易地被我们的废物出口所滋养，改革就永远不会发生。只要不禁止通过全球有毒废物出口实现成本外部化，那这场恐怖的表演秀就将继续下去。《巴塞尔公约》及其出口禁令的存在是有原因的，是时候让所有人都成为守法的全球公民了。"

总的来说，在危险废物制度下，虽然主权国家嘴上说着支持全面禁令，但大多还是倾向于自己决定如何处理危险废物。《巴塞尔公约》加强了国家的监管能力，这是参与方选择的结果。因为缺乏政治支持，雄心勃勃的《禁令修正案》悄然夭折。

接下来诞生的两个重要化学品条约是《鹿特丹公约》和《斯德哥尔摩公约》。越来越多的人认识到，化学品不受监管的使用会对公共健康和环境构成威胁，于是这两个条约便应运而生。塞林说，"危险化学品对环境和人类健康构成了巨大的风险……为了应对由危险化学品带来的各种环境和人类健康风险，全球合作是必要的，因为许多重要的问题都属于国际法范畴。"到了二十世纪九十年代中期，工业社会已经完全化学化了。欧洲环境局称，根据 2001 年欧盟委员会的一份白皮书中的数据显示，全球化学品产量约为 4 亿吨，并且欧洲市场上存在着超过 10 万种对环境和人类健康可能存在显著影响的化学品：

> "对于这些化学品的不利影响，人们存在着严重的认知差距，且往往是在大范围的破坏产生后才采取了行动（著名的例子包括石棉、滴滴涕、多氯联苯、苯等）。随着它们不断被排放到环境中，许多化学品已经对人类健康和野生动物造成了严重的伤害，并且伤害仍在继续。危险的化学品不仅威胁着环境安全，进而在全球范围内威胁着生物多样性，而且也引起了越来越多严重的健康问题。在过去的几十年里，一些重大疾病（比如各种类型的癌症、过敏症和低生育能力）的发病率显著增加。科学研究表明，有明确的证据证明，若人类和野生动物长期暴露在多种有毒化学品污染物下，会产生严重的健康问题。"

1998 年的《关于在国际贸易中对某些危险化学品和农药采用事先知情同意程序的鹿特丹公约》（以下简称《鹿特丹公约》）与《巴塞尔公约》一样，也强调了知情同意的原则。塞林说："《鹿特丹公约》的历史可以追溯到二十世纪八十年代，那时制定了一个自愿的（事先知情同意）计划。"国际组织最初制定了各种基于自愿的行为准则，后于 1996 年 3 月启动了正式谈判，签订了《鹿特丹公约》。在谈判中，澳大利亚和美国等国家主张将条约范围限制在最危险的农药上，而欧盟和许多发展中国家则主张制定一个涵盖面更广的条约。一些发展中国家甚至希望全面禁运危险化学品，但"大多数国家并不支持全面禁令"。同时，发展中国家要求考虑"共同但有区别的责任"原则，却因遭到了工业化国家的反对而失败。

鉴于各方的偏好不同，谈判的重点被放在了"事先知情同意"（PIC）上。谈判的关键是公约清单上的化学品的"上榜"规则，"讨论了需要提交通知的国家数量，这些国家所属的地区数量，以及如何定义这些地区等问题。"最终，《鹿特丹公约》要求清单上的化学品遵循事先知情同意原则，并确立了之后进一步扩大清单的程序："《鹿特丹公约》规定，对条约未明文排除的化学品实施禁令或严格限制的缔约方，必须将该行为通知秘书处。若是要将被禁运或严格限制的化学品列入事先知情同意清单，必须有至少两个遵守事先知情同意原则的地区中的……至少一方采取监管行动，并单独通知秘书处。"

《鹿特丹公约》没有对清单上的化学品实施禁令，而是允许缔约方自行立法，并要求出口方既要通知进口方货品内容又要遵守其国家法规。与《巴塞尔公约》相似，《鹿特丹公约》的目的是帮助进口国控制和监管进口货物，而不是限制化学品贸易。

经过 50 个缔约方的批准后，《鹿特丹公约》于 2004 年 2 月 24 日正式生效。截止到 2016 年 10 月 28 日，多达 155 个缔约方批准了该条约。《鹿特丹公约》称得上是全球性的条约，美国和土耳其是唯二没有加入的主要经济体。虽然美国的缺席乍看起来令人不安，但在全球信息共享的今天，只要其他国家参与，缺少一个主要经济体的后果并不严重。事实上，美国使用的绝大多数化学品，欧洲也在使用，且欧洲的化学品标准往往比美国严格许多。欧盟的参与使发展中国家获得了大量关于潜在危险化学品及其监管的信息，也就是说，美国出口的化学品也几乎涵盖在了事先知情同意原则内。

与《巴塞尔公约》不同，对危险化学品的监管并没有止步于《鹿特丹公约》的事先知情同意原则。1998 年 6 月至 7 月，《鹿特丹公约》谈判成功后仅过了几个月，《关于持久性有机污染物的斯德哥尔摩公约》（2001 年）的谈判便正式展开。"许多参与了（先前）谈判的人……也参与了《斯德哥尔摩公约》的谈判。"

有趣的是，在《斯德哥尔摩公约》的谈判过程中，至少在早期，各方都是友好和睦的。塞林指出，"就像欧美国家的政府主导着全球政治一样，欧美的企业也主导着行业中的利益走向。它们支持将这些法规推向全球，让世界各地的竞争对手和化学品生产商在类似的限制下运作。"欧美企业的愿望反映了技术创新、国家立法和地区协议等领域的情况，如《远程越界空气污染公约》就对持久性有机化学品进行了限制。

鉴于以欧美为首的全球最大化学品市场已经对危险化学品进行了国家或地区层面的限制，其化工业便希望其他国家和地区也能推行类似的规定，这样他们就可以向全球推销他们高成本但高利润的创新成果了。如果不将禁令全球化，那么在监管范围之外的市场，化学品的消费者可以继续使用旧的、更便宜但危害更大的替代品。全球禁令是阻止化学品市场分裂为受监管和不受监管两个市场的最简单办法。

因此,《斯德哥尔摩公约》比《巴塞尔公约》和《鹿特丹公约》更严格:它明令禁止了部分商品。公约将一系列非常危险的商品列成清单,确立了今后进一步扩大清单的程序,还规定了针对发展中国家的豁免和逐步停用政策,以及能力建设和财政援助。有趣的是,《斯德哥尔摩公约》秉持了"共同但有区别的责任"原则,承认"发达国家和发展中国家不同的能力,以及《里约环境与发展宣言》第七项原则中规定的各国共同但有区别的责任。"

和《巴塞尔公约》《鹿特丹公约》类似,在《鹿特丹公约》签订之后仅仅几个月,《斯德哥摩尔公约》于 2004 年 5 月 17 日迅速生效了。美国再次缺席,但全面禁令确保了这一缺席对条约并未产生显著影响。世界上的绝大多数国家,包括化学品消费大国中国和印度,都对清单上的商品实施了监管,虽然针对某些物质存在例外,或是实行比禁令更为保守的警告措施。因此,美国出口的几乎所有危险化学品都受到禁令或进口国法律的严格管制。除非美国出口商愿意大规模非法走私过时且不太赚钱的化禁品,不然危险化学品无法进入发展中国家缔约方的市场。

2001 年的《斯德哥尔摩公约》之后,化学品制度停滞了十年。尽管在"9·11"事件发生仅几年后便开始了关于汞的早期谈判,2003 年开展了一个基于自愿的行动,2005 年还达成了全球汞伙伴关系,但与全球环境政治的其他制度类似,十年间,化学品制度并没有诞生新条约。《鹿特丹公约》和《斯德哥尔摩公约》取得双重胜利后,化学品制度在"9·11"事件和由此引发的世界政治冲突中陷入了无休止的中断,但这并不意味着不需要签订新的条约。虽然《鹿特丹公约》建立了一个信息共享的基本框架,《斯德哥尔摩公约》对一系列尤其危险的持久性有机污染物下达了禁令,但除了事先知情同意原则,世界上大多数的化学品还没有受到任何国际性的约束。相反,小布什总统奉行新保守主义单边主义,加上新兴经济体的迅速崛起,这样的国际局势导致南北国家间的冲突全面爆发,在敌对的国际环境中,蓬勃发展的化学品制度成了政治冲突的牺牲品。

尽管如此,化学品制度仍在不断发展。虽然全球性的化学品合作在《斯德哥尔摩公约》谈判结束后不久就停止了,但在国家和地区层面上,新的法律法规仍层出不穷。2006 年欧盟就化学品强制测试颁布的综合指令,《化学品的注册、评估、授权和限制》(Registration, Evaluation, Authorization and Restriction of Chemicals, 以下简称 REACH)就是一个特别重要的例子。REACH 涵盖的范围引起了政治上的争议:它涵盖了市场上所有的化学品,共十万余种,而且还在不断增加。虽然它是一个区域性的法规,但欧洲化学品市场的巨大规模和多样性意味着世界上几乎所有的化学品都必须被检测。任何美国、日本或沙特阿拉伯的化学品制造商想要在关键的欧洲市场销售他们的产品,都必须遵守 REACH 指令。鉴于欧洲仍是许多先进和高利润的化学品的主要市场,大公司几乎不可能不向欧洲出口创新性化学产品。因此,REACH 实际上是一个全球性的规则。

在全球层面上,2014 年进行了《水俣公约》的谈判。《水俣公约》通过禁止汞矿的增加和汞在各类产品和工艺中的使用,全面地限制了汞排放。它涵盖了汞的生产和使用，并要求在可能排放汞的生产过程中使用最先进的技术。正如官网所解释的，"《水俣公约》的亮点包括禁止开采新的汞矿，逐步淘汰现有的汞矿，逐步淘汰和减少汞在一些产品和工艺中的使用，对排放到空气、土地和水中的汞采取控制措施，以及对非正规部门的手工和小型金矿进行管理。条约还考虑到了汞的临时储存、汞废料的处置、被汞污染的场所，以及健康等问题。"

谈判前期，南北国家间在一些传统的问题上爆发了冲突，而随着谈判的深入，事情发生了转折。一开始，中国和印度获得了美国和一些非欧盟的工业化国家的支持，反对约束汞的使用，而欧盟和非洲集团则主张签订具有法律约束力的条约。奥巴马总统上任后，美国的立场发生了变化，双方达成协议的可能性随之出现。在谈判接近尾声时，中国也改变了自己的立场，由此一项具有约束力的条约得以签订。《水俣公约》于2017年8月16日生效，欧盟和7个欧盟成员方，保加利亚、丹麦、匈牙利、马耳他、荷兰、罗马尼亚和瑞典于5月18日批准了该条约，后来50个国家签署了公约。从2014年的谈判到2017年的生效只用了3年的时间，《水俣公约》和其他化学品制度下的条约一样，进展十分迅速。

虽然《蒙特利尔议定书》通常被认为是一个独立的制度，但它对全球化学品治理产生了重要的影响，因此值得一提。正如第二章中提到的，《蒙特利尔议定书》成功淘汰了许多消耗臭氧层的化学品，并且还在不断淘汰中。与《斯德哥尔摩公约》类似，

《蒙特利尔议定书》列出了有害物质的清单并致力于减少这些物质的使用。议定书公认的成功导致了任务蠕变，越来越多的化学品被纳入清单，不论它们是否与臭氧层空洞直接相关。例如，2016年10月，氢氟碳化合物的监管就在《蒙特利尔议定书》下取得了一大进展。前面讨论过的《基加利修正案》也被嵌入了蒙特利尔框架，虽然，从严格意义上来说，氢氟碳化合物谈判的重点是气候问题。就这样，议定书成了世界各国解决非二氧化碳温室气体问题的方法，在这里，各国得以跳出烦琐、两极分化和容易起冲突的《联合国气候变化框架公约》的框架。

由此，我们看到，全球化学品制度已经取得了不错的成绩。尽管该制度面临着与全球环境政治相同的挑战，但谈判方再三尝试后还是找到了谈判方法，可以达成有效和执行性强的协议。随着时间的推移，除了在传统上占据主导地位的经合组织集团，其他国家的化学品的生产和消费也在急剧增长。2016年，仅中国就占了全球化学品销售总量的40%，除了韩国和日本以外的其他亚洲国家占了14%。1995年到2014年，欧洲在全球化学品销量中的份额从32%下降到了17%，但这并不是销售额下降所导致的，相反，同期销售额从3 260亿欧元增长到了5 510亿欧元。新兴经济体日益增长的经济影响力提升了它们在全球化学品谈判中的结构性权力，但与此同时，它们的制度能力还未达到工业化国家的水平。

化学品制度最有趣也是最重要的特点是，尽管新兴经济体愈发强大，但多边合作仍以较快的速度向前迈进着。除了2001年

《斯德哥尔摩公约》之后长达十年的冰封期外，化学品制度成功扩大和深化了关于化学品治理的全球环境合作。不仅是在环境领域，《水俣公约》和《基加利修正案》可以称得上是二十一世纪第二个十年所有领域中最被看好的谈判结果。

为什么化学品制度取得了一定的成功，成了环境多边主义中少数的亮点之一？原因就在于该问题领域拥有的三个关键特征。首先，替换掉过时的杀虫剂、除草剂和其他危险化学品的成本并不高。正如奥沃登科所指出的，化学品制度聚焦于一个特定的行业内，这个行业具有高度的寡头垄断性和技术创新性。从监管的角度来看，这样的行业相对容易控制。另外，正如马尔库和乌尔佩拉所说的，企业也可以从对旧技术的禁令中获利，因为禁令创造了对新的、更昂贵的产品的需求。克拉普指出，化学产业是《斯德哥尔摩公约》的积极支持者，因为公约创造了一个将高利润的新产品推向全球市场的机会。

其次，在这个问题领域内，发展中国家可以很轻松地进行灵活操作。化学品制度的目标从来都不是经济结构的深层改变，它致力于对特定产品进行控制、监管和管理。因此，只需要通过逐步淘汰、暂时豁免和少量的财政援助等措施，发展中国家在执行上就能获得灵活性："化学品制度意识到了发展中国家面临的具体问题……给了这些国家更多的时间来逐步淘汰受监管的化学品和处理受污染的设备。"而且，这些逐步淘汰和豁免措施并不会影响整体制度的效率，因为一旦其他国家率先采取行动，在市场调节的作用下，过时的化学品被取代只是个时间问题。

第三，执行这些条约不需要太多的制度能力。颁布对商品的禁令对政府来说是十分简单的操作，特别是当少数几个国家为数不多的大企业垄断了生产时。尽管政府在国内也需要执行化学品禁令，但这样做比实施更复杂的法规要容易得多。如果某个制造厂生产了违禁品，或是有人进口违禁品，那相应的裁决和惩处都不复杂。同样，化学品的使用者也要承担责任。由于化学品的生产和销售具有规模经济的特点，监测其非法活动相对容易。再者，生产更安全的替代品的厂商是有动力监督和举报违法行为，并游说当局进行严格监督的。

同样的逻辑也解释了《巴塞尔公约》的快速通过和《禁令修正案》的悄然夭折。在谈判中，《巴塞尔公约》迅速获得了发展中国家和大多数工业化国家的支持。进展这么顺利是有原因的，因为《巴塞尔公约》承诺以很少的代价为发展中国家带来切实的利益。尽管一些国家利用谈判场合来游说全面禁令，但最后，几乎所有国家都批准了《巴塞尔公约》，毕竟轻松获得监管收益的承诺和阻止非法废物进口的机会很有吸引力，参与成本又几乎为零——条约中没有任何内容阻止政府进口危险废物，还有外部的财政援助可以用来支付执行费用。

另一方面，因为全面禁止危险废物贸易的执行成本很高，《禁令修正案》未能获得广泛支持。修正案想要做的是一件动摇根本的事情：它不单单是禁止或监管一个特定的产品，而是将影响到产生危险废物的众多行业。相应地，成本会非常高，而且新产品无法带来利润。马尔库和乌尔佩拉发现，尽管在谈判早期，许多发展中国家采取了激进的谈判立场，力推全面禁令，但它们在批准《巴塞尔公约》时比批准《禁令修正案》时爽快得多，这表明了它们在监管和禁令中仍然偏向前者。

《鹿特丹公约》和《斯德哥尔摩公约》也迅速获得了大多数国家的支持，不论是工业化国家还是新兴经济体。虽然这两个条约在设计上有很大的不同，一个采用事先知情同意原则，另一个则实行全面禁令，但它们在国际范围内并没有引起什么特别大的争议。由于这两个条约都侧重于少数行业的特定技术，而这些技术有更清洁、危害更小和高利润的替代品，这些条约的实施和执行在政治上并不存在争议。

最后，《水俣公约》承诺会给许多国家带来切实利益。经过多年的谈判，条约于 2014 年通过，可见化学品制度很快就从"9·11"事件的冲击中恢复了过来，而这本身就是一个令人赞叹的成就。《水俣公约》专注于一个全新的环境问题，一个不受任何条约约束的问题，并成功产生了一个有效且可执行的条约，涵盖了问题的多个方面，规范了汞生产者和使用者的行为。所以《水俣公约》称得上是二十一世纪的一个独一无二的成果。

在《水俣公约》的谈判中，中国的立场是如何发生改变的，以及立场的改变是如何促成了一个有效的全球协议的，非常值得探讨。虽然一开始中国和印度都反对汞限制，但随着中国的结构转型和国内制度能力的提升，其谈判立场也有所转变。中国开始支持对汞的生产和消费的限制，由此脱离了全球南方新兴经济体的传统联盟，最终促成了协议的诞生。相比之下，美国的立场转变只是一个单纯的国内政治问题，而中国的立场转变却有着重大意义，它反映了中国经济结构的变化。

与此同时，《蒙特利尔议定书》强大的制度架构进一步确保了化学品制度的成功。当一种危险化学品属于《蒙特利尔协定书》的管辖范围时，谈判者们可以参考协定书提供的体制基础，也就是之前有成功案例的条约架构，来制定这一化学品生产和使用的管理规则。这样一来，《蒙特利尔议定书》甚至为某些温室气体的监管之路另辟蹊径。然而，这些成就是通过禁止运输和使用特定物质并启用现代替代品才实现的，而这种逻辑并不适用于其他气候变化问题，比如减少整个经济中的二氧化碳排放。

化学品制度的成功表明，即使在新兴经济体崛起的世界里，针对某些问题特征，只要制度设计得当，是可以达成有效的南北合作的。因此，化学品制度可以被看作一个成功案例，在这个案例中，新兴经济体的崛起所带来的问题可以被克服的原因，在于这些问题的特点促进了南北国家间的交易，而这种交易又是合作长期有效且可靠的前提。化学品制度并不要求发展中国家加大成本的投入，因为其中的绝大多数国家并不生产化学品，也无法从化学品升级中获得好处。即使在高成本可能给合作带来负面影响的情况下，条约也可以通过适度的补偿付款和逐步淘汰为发展中国家提供一定的灵活性。另外，由于条约往往是以全面禁令的形式实施和执行的，化学品制度下的有效合作并不依赖于高水平的制度能力。

生物多样性制度：表现平平

生物多样性制度是一个条约和相关文书的合集，致力于保护物种、生态系统和栖息地。它比化学品制度更复杂。对生物多样性的保护是一个繁复的全球挑战，因为几乎人类的任何活动都有可能威胁到生物物种、生态系统和栖息地。本文中，我将先讨论关于濒危物种贸易和湿地保护的早期条约，并强调1992年《生物多样性公约》（Convention on Biological Diversity，CBD）的核心作用。除了与保护生物多样性直接相关的努力，还包括了防止森林砍伐的措施。虽然森林砍伐在法律上是一个独立的子制度，但它也是生物多样性保护的重要一环。生物多样性制度没有代表性的公约，它是一个相对薄弱的、通常由非正式的文书组成的复杂结构。

遗憾的是，生物多样性制度和化学品制度之间存在着明显的差距。三十年来，化学品制度在全球环境可持续性方面取得了相当大的进展，而生物多样性制度对国家政策及其效果的影响却很小。各国一次又一次地尝试就有意义的条约进行谈判，以此推动制度的发展，但都以失败告终。虽然全球生物多样性保护的尝试可以追溯到很久之前，生物多样性制度也是最早出现的全球制度之一，但其整体成就非常有限。不论在科学上还是经济上，人类都有充分的理由去保护栖息地和避免森林砍伐，但却进展甚微。我将论证的是，南北国家之间破坏力和财政资源的分配是该问题的关键。

理解生物多样性制度的第一步，便是探究问题的特征。这些特征和化学品制度的问题特征没什么不同。和能源一样，生物多样性也是一个棘手的问题，这主要是因为人类社会和经济活动的扩张会导致栖息地的丧失，进而造成物种的灭绝。虽然有些物种（比如大象）是因为捕猎其生存才受到了威胁，但总的来说，人口和经济增长这种"不出意料"的组合才是其中更重要的因素。另一个导致生物多样性丧失的因素是快速的气候变化。虽然物种可以适应缓慢的气温变化，但现在气候变化得太快了，生物通过遗传学的进化根本无法适应。科尔伯特在她关于当下的第六次大灭绝的"非自然历史"中解释道，人类为了养活自己破坏了大片的森林，让入侵物种遍布全球，并且，"在发现了地下能源储备后……改变了大气层的构成。"除了化石燃料之外，没有一样产品或生产过程不会推动生物多样性的丧失，几乎我们所做的一切，即人类生活本身，都会导致这个问题。

广义上的生物多样性制度是最早的国际环境制度之一，其早期条约包括了 1971 年的《拉姆萨尔公约》和 1965 年的《濒危野生动植物种国际贸易公约》（CITES）。《拉姆萨尔公约》的谈判是在伊朗的拉姆萨尔市进行的，因此得名于此。《拉姆萨尔公约》的目标是保护国际湿地，而 CITES 的目标是阻止濒危物种的非法进出口。通过探究这两个公约，我们可以更全面地了解生物多样性制度。

虽然话不中听，但简单来说，《拉姆萨尔公约》能做的不过是让相关国家列出具有生态重要性的湿地，然后强调它们的意义，仅此而已。该公约由技术官僚协商签订，是"第一个在全球层面上致力于保护自然资源的现代文件"。它列举了一些湿地，并鼓励各国政府保护它们。公约并没有包含需要强制执行的具体规定，甚至没有要求各国采取保护湿地的具体措施，而只是要求各国提名至少一个需要保护的湿地，作为"公约清单中具有国际重要性的湿地"。该条约的执行逻辑与后来的《巴黎协定》相似，主要依靠秘书处的监察和各国之间的互相监督。

CITES 的谈判比《拉姆萨尔公约》更早，它为濒危或者未来可能濒危的物种建立了贸易许可证制度。它"对某些物种的标本的国际贸易进行控制。公约所涵盖的物种的所有进口、出口、再出口和海上引进都必须通过许可证制度进行授权。每个缔约方都必须指定至少一个机构负责管理该许可证制度，以及至少一个科学机构就贸易对物种状况的影响向管理机构提供咨询。"因此，CITES 的主要特点在于其侧重于物种贸易。CITES 并没有要求参与立法来保护生物多样性，只是控制了进出口贸易。化学品制度下的《巴塞尔公约》和《鹿特丹公约》也采用了类似的方法。

虽然《拉姆萨尔公约》和 CITES 都取得了一定的成效，但除了这两个公约，冷战期间几乎没有开展其他生物多样性保护的行动了。直到冷战结束，随着工业化国家的政治活动家开始意识到巴西和印度尼西亚等国家的破坏力，森林砍伐才成为一个显著的环境问题。而这时，各国国内的生物多样性保护甚至还没有出现在全球环境议程的核心问题中。

1992 年的地球峰会为这个刚诞生就进入了蛰伏期的制度带

来了新生。森林砍伐问题的重要性迅速上升、冷战结束、1972年斯德哥尔摩会议召开迎来20周年，这些时机凑在一起，为停滞不前的制度注入了活力，使得在地球峰会上，生物多样性问题和气候变化问题一起被讨论。生物多样性的谈判集中在两个问题上：森林砍伐和生物资源的使用。虽然关于全球林业公约的谈判以失败告终，但地球峰会还是成功签订了《生物多样性公约》（CBD）。接下来，我将先探讨 CBD，再回到更模糊的森林砍伐问题上。

作为地球峰会成果的一部分，CBD 是一个典型的框架条约：它尚未对各国施加具体限制，而是为未来的相关议定书奠定了国际法律基础。公约第一条确立了"保护生物多样性、可持续利用其组成部分、公平公正地分享遗传资源所产生的利益"的目标，这些目标强调了保护、经济价值、利益的公平分配等三个方面。

CBD 的签订立即触发了南北国家间的冲突。哈罗普（Stuart R. Harrop）和普理查德（Diana J. Pritchard）指出，"CBD 的谈判充斥着核心目标和优先事项之间的矛盾。辩论中，南北国家间的分歧变得尤为显著，环境和发展孰轻孰重是问题的核心。对工业化国家来说，目标是促进保护……而发展中国家……则强调目标是生物资源使用的可持续性。"

这个简短的总结再次点明了全球环境政治中南北国家间之前就存在的根本分歧：目标到底是保护全球环境，还是确保全球环境资源可以长期持续地创造经济收益？不出意料，富有的工业化国家大多支持前者，而拥有关键资源、较贫穷的发展中国家则更倾向于后者。

　　争吵不断的谈判最终还是产生了一个框架公约，在 30 个缔约方批准后，CBD 于 1993 年 12 月 2 日正式生效。CBD 列出了一系列重要原则，成立了缔约方大会作为最高决策机构，商定了投票规则，并设立了一系列机构，如科学、技术和工艺咨询附属机构（The Subsidiary Body on Scientific, Technical and Technological Advice）和秘书处，来支持该公约的执行。然而，作为一个框架公约，CBD 并不包含具体的规则或要求，而是为未来的行动提供一个平台。

　　尽管建立一个保护生物多样性的全球框架是一个崇高的想法，但结果却是令人失望的。自 1992 年以来，CBD 开展的活动屈指可数："18 年过去了，只诞生了两项议定书。"在物种灭绝和栖息地丧失带来的巨大挑战（"第六次大灭绝"）下，CBD 活动之少可谓有目共睹，这反映了该领域的全球合作存在着深刻的问题。

　　通过分析这两项议定书，我们发现 CBD 的历史可谓问题重重。首先，《生物多样性公约卡塔赫纳生物安全议定书》（以下简称《卡塔赫纳议定书》）通过预防原则和要求所有进口的转基因生物遵循事先知情同意原则，对转基因生物的贸易进行监管。CBD 的目标是保护生物多样性，所以它针对转基因生物的举措可能显得有些奇怪，但事实上，《卡塔赫纳议定书》反映了国际社会，尤其是欧洲，对转基因食品对环境和公共健康造成的影响的普遍担忧。因此，对于那些呼吁限制转基因生物在农业中使用的人来说，《卡塔赫纳议定书》是与生物安全密切相关的——它确保了转基因产品不会对生物多样性和人类健康构成威胁。

1994 年，也就是世贸组织诞生的前一年，以管理转基因生物的贸易为目标，各国开始了关于制定生物安全议定书的协商。欧盟从 1990 年开始对转基因生物的使用严加管制，并从 1998 年开始大力推动生物安全议定书的制定。2000 年 1 月 29 日，在蒙特利尔的最终谈判敲定了该议定书的终稿。虽然美国和其他支持在农业中使用转基因生物的国家反对生物安全议定书的制定，以及基于预防原则的事先知情同意原则，但"在《卡塔赫纳议定书》的终稿中……欧盟几乎实现了它所有的目标。也许最显著的成就是通过了一项具有约束力的国际议定书，毕竟在谈判之初，人们对该协议的达成几乎不抱希望。"

在 50 个缔约方批准后，《卡塔赫纳议定书》于 2003 年 9 月 11 日正式生效。议定书生效后，许多国家立刻意识到，这样的条约架构将成为新常态，因此批准加入的缔约方数量骤增。当一个缔约方满足了批准要求，并且其他缔约方竞相批准议定书以免被排除在外时，它的态度就会发生转变。截止到 2021 年 12 月，已经有 173 个缔约方批准了议定书，但值得注意的是，澳大利亚、阿根廷、加拿大和美国并不在其中，而它们又都是转基因农产品的出口大国。

虽然《卡塔赫纳议定书》的理念听上去很美好，但在实践中，它很快变成了跨大西洋农业贸易战争的武器。它不仅没有形成一个科学的转基因生物监管的通用框架，并以此来谋求全球集体利益，还饱受争议，甚至相关监管问题还引发了美国和欧盟之间的冲突。施耐德和乌尔佩拉指出，这次的主要冲突并不是南北国家间的分歧，而是关于转基因生物监管的跨大西洋分歧。几十年来，美国农业越来越依赖孟山都（Monsanto）等农业巨头对农作物的基因改造，但欧盟实际上已经禁止了转基因生物的生产。几十年来，欧洲和美国经历的环境威胁和监管失败的程度不同，这导致了它们在监管上的差异。由此，在国际层面上，转基因生物的监管上的差异带来了根本冲突：在欧洲，消费者和生产者达成了高度共识，支持欧洲执行严格监管；而在美国，情况正好相反，消费者和生产者一致反对相关监管。

虽然受到了跨大西洋冲突的困扰，但《卡塔赫纳议定书》可能是为数不多从谈判、批准到实施均未受到南北国家间的政治影响的条约。此外，它的特殊性还体现在，它与生物多样性保护看上去并不直接相关。虽然转基因生物生产的反对者强调了污染的风险，但支持者认为，如果转基因可以提高生产力，就能以较低的环境成本解决世界粮食不足的问题。

这里的权衡并不是经济和环境之间的取舍，而是利益相关者关于世界上转基因生物生产过剩还是不足的争议。那么，不论是转基因的支持者还是反对者，期望通过这样的议定书就能阻止第六次大灭绝，都是不切实际的。毕竟在很大程度上，"生物安全问题"——这个《卡塔赫纳议定书》的反对者们所厌恶的标签——与物种灭绝这一更大的威胁没什么关系。

CBD下的第二项议定书是《生物多样性公约关于获取遗传资源和公正公平分享其利用所产生惠益的名古屋议定书》（简称

《名古屋议定书》)。《名古屋议定书》的主要目标是按照一些标准（如公平性）分享遗传资源（如具有医疗价值的植物）所产生的利益。为了实现这一目标，该议定书提出了一套基于事先知情同意原则的规则，并特别关注了原住民的权益。简而言之，该议定书的主要目标是确保遗传资源的开采者和使用者在明确且透明的规则下进行操作。一方面，它保护了拥有遗传资源的政府不受剥削；另一方面，它也明确了遗传资源使用者的权利和义务，为他们带来了收益。

2002 年，在约翰内斯堡峰会上，谈判就此开始。《名古屋议定书》的谈判"源于对 1992 年 CBD 的'获取和惠益分享'（access and benefit sharing, ABS）制度的不满"，因为"发展中国家有着雄心勃勃的政策目标，想要贯彻 CBD 的惠益分享目标。"南北国家之间存在着显著分歧，因为发展中国家试图阻止生物技术产业——这些产业不论在过去还是现在都集中于工业化国家——分走生物资源带来的绝大部分收益。最终，欧盟立场的转变使该协议书得以通过：欧盟一开始坚决抵制任何有约束力的条约，但之后的态度逐渐缓和，虽然仍侧重于确保企业利益，但也接受了有约束力的规则，这也是南方国家阵营的统一诉求。

《名古屋议定书》于 2010 年 10 月通过，2011 年 2 月开放签署，并于 2014 年 10 月正式生效。截止到 2014 年 10 月，《名古屋议定书》有 132 个缔约方，日本和美国不在其列。更令人不安的是，巴西这个物种最丰富的国家也没有批准这个协议。尽管巴西参会代表积极参与了该议定书的谈判并签署了协议，但由于国内的农业综合企业一直游说反对该议定书的通过，所以自 2012 年以来，巴西国会的批准程序就一直止步不前。

最终通过的《名古屋议定书》是一个南北国家折中的方案，工业化国家对发展中国家做出了一些让步，但整体来说还是偏向于生物技术产业。更重要的是，该议定书的重点在于分配生物技术开发获得的利益，而不是解决遗传资源的保护这一核心问题。虽然该议定书可能带来间接的好处，因为它为生物多样性的开发建立了法律制度，从而可能鼓励发展中国家去开展保护工作，但它的目标与阻止居住地丧失和物种灭绝这一核心主题相去甚远。

《名古屋议定书》的缔约方大会还提出了 2011—2020 年的"爱知生物多样性目标"，该目标是以名古屋所在地（日本爱知县）命名的。到 2020 年底，几乎所有国家都提交了生物多样性保护的目标和计划。二十项"爱知目标"为生物多样性保护提供了理论框架，并为各国的生物多样性目标和行动计划奠定了基础。但很可惜，"爱知目标"缺乏监测和强制执行这些目标和计划的制度基础。

总而言之，CBD 下生物多样性制度的发展趋势，让担心生物多样性丧失的人非常失望。与化学品制度相比，CBD 只产生了两个薄弱的、性质怪异的议定书，根本无法对政府施压使其出手阻止生物多样性的丧失。

与此同时，在联合国环境与发展大会（UNCED）上，各国还谋求建立一个全球制度来阻止森林砍伐，但不论在什么标准下，建立起的森林砍伐次级制度都是一个重大的失败。各国没有达成关于森林砍伐问题的正式公约，之后为了解决这一问题而付出的努力也摇摆不定。2005 年，迪米特洛夫（Radoslav S. Dimitrov）说："在十五年的辩论中，几乎没有取得任何进展。目前看来，各方存在着不可调和的分歧，并且没有迹象表明主要参与方在可预见的未来里会改变它们的立场。"他的预测是正确的。

森林砍伐和生物多样性丧失很相似，其核心在于土地用途的转换。当一个地区森林砍伐的速度快于种植的速度时，毁林现象就产生了。毁林的表面原因包括火灾、伐木，以及为了农业、伐木和基础建设等用途进行的土地清理。然而，其根本原因更为复杂。盖斯特（Helmut J Geist）和朗班（Eric F Lambin）在查阅了大量资料后解释说："表面原因是人类活动或地方上的直接行动，譬如农业扩张。人们在对土地进行规划后开展了这些行动，这直接影响了森林覆盖率。然而，根本驱动力是社会进程本身，譬如人口动态和农业政策。它们是表面原因的基础，要么在本地开展，要么从国家或是全球的层面产生间接影响。"虽然政策可以加速毁林，也可以阻止毁林，但森林砍伐的根本原因还是与地方、国家和全球范围内对林业产品和农业用地的高需求有关。

在 1992 年的地球峰会上，在南北国家政治的阴影下，关于森林公约的谈判最终失败。工业化国家和发展中国家在森林应该被视为全球公共用地还是国家资源上产生了分歧。不出意料，拥有大部分关键资源的发展中国家主张国家对森林享有主权和所有权。在 1991 年 8 月至 9 月举行的第三次筹备委员会会议上，马来西亚代表指责工业化国家使用"全球公地"这样"模棱两可的术语"，试图通过话术取得对发展中国家森林资源的控制权。发展中国家还要求获得经济赔偿，但遭到了欧盟、美国和日本的拒绝。

1995 年，国际社会成立了"政府间森林问题工作组"（Intergovernmental Panel on Forests, IPF），再度尝试制定全球森林制度。在之后的几年，工作组被"政府间森林问题论坛"（Intergovernmental Forum on Forests, IFF）所取代，最终又被"联合国森林问题论坛"（United Nations Forum on Forests, UNFF）所取代。虽然名字一直在变，但阻碍全球公约签订的冲突却并未能化解。直到 2007 年，UNFF 才起草了一份不具约束力的森林问题共识文件——"但不包括具体的执行目标"。

几次失败后，现在国际上各种政府和非政府组织错杂并存，它们都试图对森林进行监管。总的来说，森林制度非常薄弱，汉弗莱斯详细评论了该领域的全球合作，悲观地说道："鉴于外交上不成文的规定，即使政府及其企业盟友的政策破坏了环境，也很少受到公开的批评。关于森林退化的深层政治、社会和经济因素的对话没能持续进行。另外，政策响应是在新自由主义的核心假设下做出的，因此也被新自由主义的核心假设所限定。"这一评论强调了这样一个事实：森林制度采取的是较为温和的方法，譬如自愿性认证，并不会限制因谋求农业和工业利益而导致的森林破坏。

比如，学者们已经注意到，在保护森林的努力中，林产品的独立认证体系发挥了作用。本质上，这个碎片化的认证体系是希望消费者购买以可持续的方式开采的林产品。尽管认证者的信誉存在问题，但理论上，只有以能够阻止或减缓森林流失的方式生产的林产品才能通过认证。可惜的是，认证基于自愿原则的，所以对遏制非法砍伐和土地清理没什么效果，它也没法消除全球对合法但不可持续的、低成本的林产品的需求。

对林产品进行认证并不能阻止森林砍伐的全球扩大化。虽然对某个地区的某个认证方案是否有效做出严谨的评估是十分困难的，相关研究也有限，但很明显，全球范围内的森林砍伐仍然十分猖獗。2000 年到 2012 年，全球森林面积净损失了 150 万平方千米，而 2015 年，作为主要认证机构的森林管理委员会（Forest Stewardship Council, FSC）认证的森林面积也只有 184 万平方千米。也就是说，主要认证机构认证的森林总面积勉强和 12 年间损失的森林面积持平。考虑到在森林砍伐的问题上，林产品认证的作用是微不足道的，而且还会导致森林砍伐向非认证的地区转移，从而造成负面的溢出效应，因此，森林认证的前景十分堪忧。

近年来，REDD+ 已经成为森林制度的核心。REDD 指的是"减少毁林和森林退化造成的排放"（reducing emissions from deforestation and forest degradation），于 2005 年在蒙特利尔被首次提出。由于《京都议定书》的清洁发展机制（CDM）不包括林业项目，由哥斯达黎加和巴布亚新几内亚领导的雨林国家联盟（Coalition for Rainforest Nations）中的许多发展中国家要求建立一个系统，以鼓励和奖励发展中国家为了保护森林所做出的努力。2007 年，扩大的 REDD+ 架构在《巴厘行动计划》（Bali Action

Plan）中被采纳，它取代了《京都议定书》，成了新一代的综合性全球气候制度。

　　根据这一计划，拥有森林资源的国家可以出售碳信用额度，将其碳汇价值转化为资金。该计划隶属联合国气候变化框架公约，通过财政鼓励的方式保护碳汇林，着重强调了对结果的监测、报告和核实。REDD+ 的基本理念是让发展中国家按照官方指南，提供该国的森林项目能够减排的证据，并通过这些项目申请碳信用额度。

　　鉴于 REDD+ 的全球性和复杂性，可能要很久之后才能对其进行一个全面透彻的评估，但通过现有的评估我们可以看到，REDD+ 的发展形势并不乐观。同时，现有的评估还提出了一些关键的挑战。帕斯加尔德（Pasgaard）等学者进行了全面的文献研究，并向全球专家分发了调查问卷，评估了 REDD+ 的过往表现。他们发现，"人们有信心 REDD+ 能同时带来经济、自然和政治利益，但这种信心可以说是小心翼翼的"。他们指出，在复杂的实地操作中，驱动森林砍伐的因素与 REDD+ 的项目逻辑之间似乎存在着矛盾之处。他们还发现了一些具体的问题，这些问题与当地社区、私人投资者和国家政府等不同利益相关者之间如何共享当地的收益有关。

　　更重要的问题是，REDD+ 的规模仍然有限。想要在全球森林砍伐问题上取得真正的突破，就必须将世界上绝大多数受威胁的森林纳入碳信用体系。即使在地方上的实施效果很好，但毕竟 REDD+ 还只是一个覆盖面有限的试点项目，它无法有效阻止森林砍伐的扩张。想要建立一个广泛的碳信用系统，富裕的工业化国家需要出资鼓励各国保护碳汇林。而在这个问题上，再次爆发了关于负担分配和财政责任的"南北冲突"。

正如我们所看到的，在生物多样性制度中，那些为数不多的闪光点都来源于气候制度。随着工业化国家越来越关注气候变化问题，利用森林进行碳汇的想法开始流行起来，但这个方法能带来多少好处，能否长期带来好处，目前还无法判断。比起森林砍伐，工业化国家明显更加关注气候变化，因此与其将森林保护作为一个独立的目标，不如将森林保护包装成缓解气候变化的措施，这样一来，森林砍伐制度的前景会光明许多。

对全球森林制度进行粗略的回顾后，我们有必要对相关国家的政策进行评价。事实证明，当一个国家拥有了重要的生物多样性资源，该国就会付出更多努力来保护这些资源，但即使在这样的国家，情况最终也是好坏参半。生物多样性的热点地区采取了各种政策来减少森林砍伐，这些政策的表现也各不相同。虽然比起表现平平的全球森林制度，这些政策在国家层面上取得成果的可能性更大，但现实仍是困难重重。让我们来看看巴西和印度尼西亚的例子。

历史上，巴西政府曾通过补贴、贷款和基础设施鼓励国民进入雨林地区定居，这样的政策助长了森林砍伐。2003年到2010年执政的卢拉政府在任期内启动了一系列措施来打击森林砍伐，其中最重要的便是"重点城市计划"，这个计划重点监控了森林砍伐率高的城市，并对这些城市严格执法，禁止非法砍伐。尽管巴西当时在降低森林砍伐率方面取得的一些成功可以归功于商品价格的变化等其他外部因素，但相关证据表明，"重点城市计划"肯定是奏效了的。虽然最近巴西的森林砍伐率又开始回升，但巴西的案例还是展示了国家政策的力量。

最近，印度尼西亚政府也在努力控制森林砍伐，但收效甚微。2000 年至 2014 年，印度尼西亚的树木覆盖率减少了 12%。这个数据是惊人的，比世界上任何一个主要国家都要高："伐木者进入森林，滥砍滥伐和焚烧，给棕榈油和木材种植园腾地方。"在印度尼西亚的去中心化管理结构下，小地方很难保护森林。伐木者和棕榈油种植者使用的土地虽然超出了配额，但却能轻易逃脱责罚。如此一来，巴西的"重点城市计划"便展示了精心制定的国家政策的有效性，而印度尼西亚的案例则展示了在国家能力不足的情况下，实施政策的难度。

综上所述，生物多样性制度有着一段阴沉惨淡的过往。它是最早的全球制度之一，早在"地球峰会"的概念被提出之前，《拉姆萨尔公约》就进行了谈判。但 1992 年的地球峰会揭示了这一领域的谈判面临着何等巨大的困难。由于少数发展中大国控制着大部分的生物多样性资源，且工业化国家不愿意为了保护生物多样性而投入大量资金，谈判最终只签署了一个薄弱的《生物多样性公约》（CBD）。CBD 本身只产生了两个不切题的议定书，之后更是每况愈下；而在法律上独立的全球森林制度更是毫无作为。到目前为止，生物多样性制度并没有取得什么成果。

我们可以从两个方面去分析生物多样性制度的颓势。首先，发展中大国一直掌控着关键资源。在谈判中，工业化国家手里的筹码很有限——资金是它们唯一可支配的资源，而研究表明，它们为了生物多样性付费的意愿很低。上述对生物多样性谈判的概述表明，除了无关紧要的《卡塔赫纳议定书》，针对栖息地丧失这一核心问题根本无法展开有效的合作。南北国家间的矛盾成为合作的主要障碍：一边，工业化国家总是优先考虑生物技术产业的需求；而另一边，以巴西和印度尼西亚等新兴经济体为首的发展中国家死守着国家对自然资源的主权。

　　其次，发展中大国，尤其是新兴经济体的议价能力正在逐步增强。随着经济的发展，这些国家的自然资源需求出现了爆炸性的增长。因此，与它们合作需要付出的资金也同比增长。一边，工业化国家从未表现出为了保护生物多样性而慷慨解囊的意愿；而另一边，生物多样性的热点地区的经济活动规模正在不断扩大，这使得财政资源的不足和保护的高成本之间的鸿沟不断加深。

　　反事实推理的分析方法可以证实以上论点。气候恶化使人们意识到了保护森林的紧迫性。理论上，这种紧迫性会改变工业化国家不愿出资的立场，使各国就制定全球森林保护条约的必要性达成共识。但是，由于全球对自然资源，包括木材和肉类的需求也在飞速增长，保护巴西、印度尼西亚和马来西亚等国的大片森林的总成本也随之增加。虽说 REDD+ 是目前国际社会保护森林的最有效办法，但实施 REDD+ 所需的投资将会是个天文数字。

　　要达成这样的投资规模几乎是不可能的。马丁（Pamela L. Martin）阐述了厄瓜多尔的案例：厄瓜多尔曾计划放弃在全球生物多样性热点地区亚苏尼国家公园开采石油，以换取大额的财政补偿。拉斐尔·科雷亚（Raface Correa）总统最终还是放弃了这一计划，因为工业化国家无法满足他提出的 36 亿美元的要求。这个金额约等于未开采石油的价值，而在全球范围内实施REDD+ 所需的资金将会是这个金额的成百上千倍。

由此，《拉姆萨尔公约》和《濒危野生动植物种国际贸易公约》（CITES）成功的核心原因是：成本不高。这两个公约都局限于某一技术领域，对国家政策也没什么限制。前者致力于解决一个非主流的问题，而后者的规则完全不涉及国家政策，如此一来，即使是在冷战和全球去殖民化的大环境下，这些条约也并未涉及不可调和的矛盾。

但当各国政府想要建立一个范围更广、目标也更远大的制度时，冲突就爆发了。CBD 就是一个很好的例子：CBD 是一个框架条约，签订后理应针对具体的问题继续签订专门的协议，但现实中，各国仅就少数协议进行了谈判，而且这些协议都与生物多样性的保护这一核心主题关联不大——它们把重点放在了转基因生物的监管和遗传资源的知识产权问题上，这些更容易管理，且位于南北国家政治层面更不容易引发冲突的领域内。

随着时间的推移，这些冲突变得越发难以协调。随着巴西和印度尼西亚等发展中国家的经济快速发展，工业化国家补偿其森林保护的成本也在迅速增加。尽管森林砍伐问题已迫在眉睫，但取得的成果却寥寥无几。就算是被寄予厚望的碳信用制度，目前看来对森林保护的帮助也不大。尽管在特定地区，碳信用可能有效（虽然还没有足够多可靠的证据来证实这一点），但我们不得不承认，由于自上而下的不可抗力，碳信用在全球的影响力已被严重制约，无法发挥出真正的作用，这实在是令人扼腕。

工业化国家对某些生物资源的兴趣，譬如用于医疗的植物资源，也没能促进这一问题的解决。利益集团无法接受将生物多样性和栖息地视为"人类共同遗产"，它们希望对这些有经济价值的资源进行垄断管理；而对于那些不一定能带来经济收益的广袤土地，它们更是不感兴趣。因此，企业并不反对对自然资源进行主权控制。

总而言之，生物多样性制度的失败彰显了"破坏力"在全球自然资源治理中的核心作用。从谈判早期开始，资源就一直被一些具有破坏力的国家所控制着。拥有生物多样性和森林资源的国家认为不应放弃对自然资源的主权控制，而工业化国家不愿意为了保护森林和生物多样性而提供足够的补偿。在双方的僵持之下，国际合作停滞不前。在半个世纪的时间里，谈判形式愈发复杂，且在可见的未来都很难出现转机。

气候制度：最大的全球环境问题

气候变化问题是南北国家合作中的最大难关。缓解气候变化需要在能源的生产和消费、土地使用等多方面进行全面的变革，因此，与其他环境问题相比，对气候变化的治理是一个更根本，也更广泛的挑战。一方面，人们普遍认识到了气候变化的凶险；

另一方面，中国和其他新兴经济体正在迅速崛起。全球排放增长的问题在很大程度上其实是新兴经济体在其发展过程中的脱碳问题。换句话说，除非新兴经济体的排放量能够停止增长，否则阻止全球气温的上升便是天方夜谭。

总的来说，气候谈判困难重重，合作的可能性和深度一直十分不理想。在早期，工业化国家主导了《联合国气候变化框架公约》（UNFCCC）和《京都议定书》的谈判。而新兴经济体的崛起，使气候制度偏离了原来的发展轨迹，导致1997年的京都谈判和2009年的哥本哈根谈判出现了缓慢且反复无常的蛰伏期。从那时起，全球合作水平就持续走低，但幸好谈判者们积累了相关知识后才意识到，任何全球协议都必须尊重国家主权，并且尽量避免对各国施加繁重的义务。这一逻辑成了2015年《巴黎协定》的基础。

在气候合作的早期，"南北关系"带来的影响并不显著。正如第二章中所提到的，在1995年《联合国气候变化框架公约》的缔约方大会（COP）上，谈判者们坚信发达国家才是气候问题的核心，《柏林授权书》甚至只设定了缔约方中发达国家进行减排的谈判目标。在第一届缔约方大会上，各国并没有敦促发展中国家之后也参与减排并签订相关协议，而是确立了《京都议定书》将以工业化国家为重点的法律原则。由此，世界上绝大多数人口仍处于气候变化的核心条约框架之外。

在《京都议定书》的谈判中，南北国家间的问题开始浮现，导火索是美国的国内政治动向。1997年秋天，美国参议院一致通过了一项臭名昭著的决议。根据该项决议，美国将不会加入任何不限制中国和印度等国家排放增长的气候协议。但在谈判中，这些南北国家间的问题被忽略了，因为南方国家拒绝承认任何约束其排放量的谈判结果。正如阿尔迪（Joseph E. Aldy）和斯塔文斯（Robert N. Stavins）所说：

> "《京都议定书》没有为发展中国家提供承担排放指标或参与方际排放交易的方法，因为一些重要的发展中国家在1997年的京都谈判中积极反对'自愿加入'的机制……《京都议定书》严重限制了发达国家通过国际排放交易为发展中国家的低成本减排[例如，国内'限额与交易'（cap-and-trade）、化石燃料补贴改革和建筑规范]提供资金以此来完成减排目标的机会。"

从"南北政治"的角度来看，谈判中最大的分歧在于"共同但有区别的责任"原则。该原则在1992年《联合国气候变化框架公约》的谈判中首次出现，虽然乍听上去无伤大雅，很多人也认可了其公平性；但到了1997年，事情发生了转变，该原则成了1997年12月之前和之后的京都谈判的分水岭。鉴于中国经济快速增长，温室气体排放量也在迅速增加，再加上印度等国家紧随其后，在2007年的巴厘岛缔约方大会上，发展中国家不减排的论调显然已经不合时宜了。

虽然现在回头来看，将中国、印度和其他发展中国家排除在减排计划之外的决定很奇怪，但在当时，只关注工业化国家也合乎情理。除了土地使用和森林砍伐产生的排放（巴西和印度尼西亚的案例），哪怕是中国，当时的排放量也还处在相对较低的水平。2005 年，中国的二氧化碳排放量占世界总量的 21%，但1995 年仅占 14%。根据《蒙特利尔议定书》的模式，谈判者非常希望各国能一致通过《京都议定书》，但如果在法律上约束发展中国家的排放，议定书是不可能全票通过的。尽管美国十分不满对发展中国家的豁免，但其副总统戈尔还是亲自飞到了京都，向各国传达了克林顿政府对这一决议的支持。1997 年 12 月 8 日，他在大会上说：

> "你们在这里起了带头的作用，对此我们表示感谢。我们来京都是为了寻找新的办法来消除我们之间的分歧。然而，在这样做的同时，我们的决心不能动摇。美国仍然坚定不移地致力于完成一个宏大的、有约束力的目标：将我们预计的排放量减少近 30%——这一承诺不输我们在这里听到的其他任何国家的承诺。现在，当务之急是做我们承诺的事，而不是承诺我们不能做的事。"

即使世界局势发生了变化，南北国家间的冲突愈演愈烈，但在很长的一段时间里，谈判还是聚焦在了跨大西洋的冲突上。当共和党的小布什总统任命迪克·切尼（Dick Cheney）为副总统时，戈尔做出的承诺——美国将在气候制度中担当领导者——便失去了意义。在 2001 年 6 月的一次演讲中，小布什明确表示，美国反对《京都议定书》中规定的减排措施：

> "这是一个需要百分百努力的挑战，不论是我们的努力，还是世界上其他国家的努力。世界第二大温室气体排放国是中国。然而，中国却完全不受《京都议定书》的减排要求所限。印度和德国也在最大的排放国之列，但印度也被豁免了。这些国家和其他正在高速发展的发展中国家面临着不损害经济的减排挑战。我们希望与这些国家合作，共同努力减少温室气体排放并维持经济增长。"

直到 2005 年的蒙特利尔气候会议（根据同年生效的《京都议定书》召开的第一次会议）之前，《京都议定书》的承诺是否能兑现一直是国际社会关注的焦点。《地球谈判公报》（Earth Negotiations Bulletin）追踪了全球环境的谈判过程，并做出了以下总结：

> "蒙特利尔会议的要务是执行《京都议定书》。该议定书于 2005 年 2 月生效，成了具有法律效力的文件，但如果没有正式通过《马拉喀什协议》（Marrakesh Accords）（该协议包含了对议定书的功能和完整性至关重要的技术细节），至少在短期内，该协议书及其机制的效用将大打折扣。许多人认为，如果没有《马拉喀什协议》，整个《京都议定书》

将会瓦解，那么 2001 年在马拉喀什举行的第七届缔约方会议上好不容易达成的平衡将很难再现。"

清洁发展机制是南北国家间合作取得的为数不多的成果之一。该机制允许工业化国家从南方国家的有助于缓解气候变化的项目中购买碳信用额。通过使用中国和印度等国——迄今为止清洁发展机制的最大参与方——低成本项目来降低全球减排成本，是建立这个复杂且充满争议的机制的出发点。

问题是，相较于"项目不存在"的反事实，很难判断这个项目是否真的减少了排放。换句话说，任何项目的效果都必须与反事实基线进行比较：如果没有这个项目，排放量将如何变化？这里的根本问题在于，我们只能观测到项目存在时的结果，而无法观测到项目不存在时的结果。

不出意料，清洁发展机制存在着诸多问题。瓦拉和维克多在对清洁发展机制的早期分析中指出，各国常常会为那些实际上并根本没有减排效果的虚假项目提供碳信用，比如印度的一些氢氟碳化合物工厂，一开始建厂的目的就是为了日后拆除后换取碳信用。虽然拜尔和乌尔佩拉指出，清洁发展机制有助于向发展中国家推广清洁技术，但如果没有全国性的政策来限制这些排放，想要减少南方国家的温室气体排放仍然十分困难。在清洁发展机制下数以万计的项目中，有些可能对减排有帮助，有些可能没有。这些项目是否一开始就存在，项目实施的质量如何，以及它们是否造成了排放的转移等因素决定了项目的效果。

尽管存在一些问题，清洁发展机制的确是一个受欢迎的、能最大程度降低减排成本的机制。截止到 2009 年，发展中国家开展了近 1 500 个清洁发展机制项目，另有超过 4 000 个项目处在筹备阶段；清洁发展机制执行理事会共发放了 2.75 亿个核证减排量（certified emission reductions, CERs）。清洁发展机制如此受欢迎的原因很好理解：它允许发达国家在减排成本低的发展中国家开展减排项目，以换取可用于实现其减排目标的 CERs。从这些项目中，发展中国家可以直接获利，譬如提升就业率和能源效率。大部分的项目由中国和印度这两个国家承办。

随着时间的推移，南北国家间的矛盾开始积累，气候合作也陷入了停滞。在俄罗斯批准后，《京都议定书》于 2005 年生效并提出了之后的议题。2007 年，在巴厘岛缔约方大会上（COP13），各国就《巴厘行动计划》达成一致，将共同打造一个具有约束力的条约。各国充满了雄心壮志，力争在 2009 年哥本哈根气候峰会召开之前，换言之，不到两年的时间内完成这个目标。"共同但有区别的责任"原则在《巴厘行动计划》中发挥了尤为突出的作用，计划强调了所有成员方应该根据"共同但有区别"原则分配责任，并重申了可持续发展和保护环境的并行。《巴厘行动计划》还强调了成员方在分配责任时，需要考虑每个成员方的具体国情和实力。

技术转移是发展中国家的核心需求之一。例如，对于《巴厘行动计划》，"七十七国集团和中国，这些主要由发展中国家组成的集团……提出了一个综合性的提议，要求发达国家资助从基础研究到在发展中国家建立高科技工厂，这一整条技术链上的各类项目。"发展中国家认为，鉴于发达国家强大的国力和对气候变化应负的历史责任，它们的要求是合理的。

但工业化国家反对技术转移，理由是财政成本过高，并且涉及知识产权问题。一边，发展中国家认为技术转移是必要且正当的；而另一边，工业化国家拒绝承认历史责任，反而强调新兴经济体不断增长的排放量。

另一个充满争议的关键领域是气候融资。发展中国家就气候变化缓解提出了融资的需求，声称它们缺乏使其经济脱碳的资源，并重申了发达国家应负的历史责任。它们也越来越频繁地提出，气候融资是避免气候变化对当前和未来世界造成破坏的必要手段。然而，就连如何衡量融资金额的问题，南北国家间都充斥着冲突和混乱：在工业化国家含糊不清的定义和模糊不清的报告要求下，许多项目都贴上了"气候融资"的标签；而发展中国家为了防止工业化国家将进行中的援助项目重新定义为气候融资项目，主张对气候融资进行严格定义。毕竟如果允许工业化国家"重新定义"一些项目，它们可能会声称完成了融资份额，但实际上却并未投入任何新的资金。

在哥本哈根峰会召开前，人们是满怀希望的。可再生能源的经济竞争力的提升，再加上民主党总统奥巴马对气候问题的雄心壮志——尤其是跟他的前任，共和党的小布什总统相比——促成了这样的乐观氛围。但很可惜，气候行动倡导者们迎来的却是深深的失落。由于主要排放国无法就责任分担、气候融资、监测和执行等事项达成一致，哥本哈根谈判几乎没有达成任何条约。中国、印度和其他新兴经济体拒绝做出有约束力的承诺，工业化国家又拒绝接受存在差别对待的具有法律约束力的条约。一小部分国家，如玻利维亚，甚至试图破坏谈判，以取悦沙特阿拉伯的代表团。直到谈判的最后一刻，各国才勉强达成了《哥本哈根协议》。

《哥本哈根协议》远算不上一个合格的全球条约，它不过是一份相关国家列出的承诺清单，这些承诺都是自愿且不受约束的。虽然各国递交了承诺书，但这些承诺远称不上是全面的气候策略。例如，印度甚至还特别强调，它不认为《哥本哈根协议》具有约束力。这些文件与各国之后在《巴黎协定》下递交的详尽计划书可谓有天壤之别。

《哥本哈根协议》后，气候制度走上了去中心化的道路。《京都议定书》是基于一种被学者们称为"目标和时间表"的方法制定的，但最终却收效甚微，不仅没有获得美国的批准，还只对少数国家提出了有意义的减排要求。由于《京都议定书》没有一个有效的执行系统，除了象征性的政治手段外，它对各国的减排几乎没有起到任何推动作用。相比之下，《哥本哈根协议》是激进的，它颠覆了《京都议定书》做法：现在各国的责任不再由谈判的结果决定，各国将履行自己宣布的承诺。

虽然《哥本哈根协议》让气候行动倡导者感到沮丧和失望，但它却开启了一个去中心化的新时代。接下来于坎昆和德班召开的一系列会议上，谈判者们决定将在 2015 年之前签订一个新的全球协议。他们希望从哥本哈根的失败中恢复过来，重新出发。

去中心化的方法奏效了。如果说《哥本哈根协议》让许多气候行动倡导者感到沮丧，那么《巴黎协定》之后的氛围可谓是令人欢欣鼓舞。在哥本哈根和巴黎峰会间，谈判者们达成了一个被称为"承诺和审查"的方案。各国可以在一个叫"国家自主贡献"（Nationally Determined Contributions）的文件中再次提出自己的目标，但这一次，这些目标的完成情况将被集体审查，审查每五年进行一次。这是为了实现黑尔所说的"逐步上升"法：在公众的监督下，各国将逐步提高自身的目标，这样一来，在之后的几十年间，全球气候变化将得到有效缓解。各国再次提交目标后，《巴黎协定》建立了"同行评审"的系统和时间表，以便给各国施加舆论压力，使它们先达到既定目标，再逐步提升自己的目标。此外，《巴黎协定》还提出了减缓全球气温上升的宏大目标，强调了气候融资的重要性；同时，工业化国家也重申了它们将在 2020 年前每年调动 1 000 亿美元的财政承诺。

总之，《巴黎协定》是《哥本哈根协议》的升级版。你可以说它依旧薄弱，但它远比《京都议定书》和《哥本哈根协议》更容易产生收益。在巴黎，谈判者接受了一个深刻且严肃的事实——他们无法挑战主要排放国的主权。国际社会认识到，在无政府的国际体系下，想要强制各国履行承诺简直是难如登天。然而，谈判者们并没有放弃。他们没有放任各国政府为所欲为，而是建立了一个同行评审体系，以推动去碳化进程的逐步深化。这种基于对主权的认可而搭建条约架构的做法，相当于承认了气候变化问题的固有局限性，但为了达成有深度的合作，谈判者们设定了现实的目标，以免重蹈 2009 年哥本哈根会谈的覆辙。

签订《巴黎协议》后，2016 年 10 月对气候缓解来说是一个丰收月。首先，国际民用航空组织（International Civil Aviation Organization, ICAO）根据 2020 年的基线，达成了一项航空排放的碳抵消协议。各国通过国际民用航空组织进行了谈判，决定抵消航空业的排放增长。尽管国际民用航空组织的协议——《国际航空碳抵消和减排计划》（*Carbon Offsetting and Reduction Scheme for International Aviation, CORSIA*）并没有强迫航空业减排，只是要求不论是通过可再生能源还是节能措施，用其他部门的项目来抵消未来的排放增长，但这样的谈判结果已经超出预期了。换句话说，CORSIA 虽然允许全球航空业的排放量随着全球航空交通量的持续增长而增长，但要求用其他地方的减排量来抵消这种增长。成功签订这一协议的原因也许是国际社会担心会产生大量的单边航空计划，如欧盟早期的航空碳市场。这些计划在政治上是有争议的。

当然，这项协议的关键局限在于，它依赖于清洁发展机制的核心——碳抵消。随着越来越多的人开始出国旅行，航空业的排放量有着巨大的增长潜力，而在《巴黎协定》签署仅一年后就达成了该协议，这让我们在喜出望外的同时还需保持谨慎的观望态度。

其次，根据《蒙特利尔议定书》，谈判者们通过了关于氢氟碳化合物减排的《基加利修正案》。一方面，如前所述，虽然

《基加利修正案》只适用于某一部门的某种特定物质，但氢氟碳化合物的排放十分危害环境，对气候变化的整体影响亦非常大。另一方面，修正案对促进更为棘手的二氧化碳排放谈判几乎毫无用处。与航空业的协议相似，《基加利修正案》是一个解决了一个关键部门问题的局部协议。它通过实现氢氟碳化合物的减排，直接缓和了气候变化，但对于更为基础、更具挑战性的二氧化碳减排任务，它并没有带来积极的溢出效应。

上述谈判中的变化与我的论述中的解释变量密切相关。正如我们所看到的，直到 1995 年，这样的行为还是非常合理的：谈判者们一致同意了"共同但有区别的责任"原则，并将只有《联合国气候变化框架公约》的工业化缔约方才必须采取行动的想法合法化。但在接下来的几年中，由于发展中国家贡献了几乎所有温室气体排放量的增长，该原则的内在缺陷得以暴露。虽然在 2005 年蒙特利尔缔约方大会上，各国的注意力还都在麻烦不断的《京都议定书》上，从而忽略了这些缺陷，但到了 2007 年的巴厘岛峰会，人们已经非常明确地认识到，未来的条约框架必须考虑中国和其他经济体的影响力了。

随着排放占比的上升，发展中国家手握的谈判筹码也变多了。1995 年的《柏林授权书》并没有给发展中国家分配减排任务，因为所有人都天真地认为，它们无关紧要。后来，随着大家清楚地认识到了发展中国家在气候问题上的核心地位，发展中国家便开始要求发达国家提供支援（如气候融资），并且获得了一定的成功。到了 2007 年的《巴厘行动计划》，尤其是 2009 年哥本哈根缔约方会议失败后，新兴经济体已经牢牢掌握了联合国的气候谈判进程——从而掌控了地球的未来。

但发展中国家的基本偏好并没有发生改变。虽然经济高速发展，但主要新兴经济体均未经历深层次的社会经济转型，这使环保等问题的重要性远逊于经济增长和扶贫问题。此外，经济实力的增长和制度能力的提升也不成正比。由此，在大多数情况下，新兴经济体在国家层面的气候政策上仍面临着巨大的挑战。

这一挑战体现在了巴黎谈判后各国制定的目标中。在各国提交的首批 160 份"国家自主贡献"文件中，122 份提到了气候融资，64 份提出了具体所需金额。从埃塞俄比亚到印度和印度尼西亚，许多主要新兴经济体明确提出，只有应对气候缓解和气候适应的融资到位，它们才会采取更高标准的气候计划。许多国家，譬如越南，在有气候融资的情况下做出的承诺远高于没有气候融资的情况：到 2030 年，相较于照常的排放量减少 25%（有融资）或是 8%（无融资）。其他国家，譬如印度，在没有气候融资、技术转移或能力建设的情况下，不准备做出任何承诺。

鉴于此，对于气候融资问题爆发了尖锐的南北国家间的冲突。2017 年，在波兰卡托维兹进行的关于《巴黎协定》规则手册的谈判中，经合组织就发布了一份气候融资报告。报告指出，2017 年用于气候融资的公共资金达到了 570 亿美元，其中包括拨款、贷款和出口信贷。既然气候融资包括了贷款（发展中国家需要偿还的钱）和出口信贷（用于工业化国家出口的钱），那么说明气候融资并不是针对气候适应和缓解问题而专门提供的资助，而是已经包含在了发达国家对发展中国家原有的援助中。经合组织的报告甚至不认为气候融资应该是独立的、额外的援助，这样的计算方式使发展中国家没有动力去提高自己的减排目标和履行有条件的承诺。

2020 年，各国在《巴黎协定》下提交了新的气候目标。根据"气候行动追踪"组织（Climate Action Tracker）的数据，截止到 2020 年年底，共有 34 个国家（包括欧盟）提交了新目标。该组织对其中 11 个国家进行了进一步的分析，发现只有 4 个国家提高了减排目标，剩下的 7 个则没有。另有 9 个国家提出了新的目标，在深入分析的 7 个国家中，4 个提出了更高的目标，剩下的 3 个则没有。这样的数据体现了各国在气候变化问题上的分歧：有些国家对气候行动的热情在上升，而其他国家则不屑一顾，甚至直言不讳地反对。但即使是那些热情高涨的国家，它们的长期目标是否能转化为具体的行动，也还有待观察。

在那些不需要进行结构性改革就能轻松实现温室气体减排的领域，合作就变得容易多了。2016 年 10 月之所以能顺利达成航空和氢氟碳化合物领域的协议，是因为该领域不需要做出任何执行层面的改变，签订这些协议只需要考量特定部门的具体情况。我无意贬低这些协议的谈判的含金量，但比起能源和土地领域的核心问题，这些谈判中涉及的分配冲突和执行问题显然是小巫见大巫了。在能源消耗和土地使用等重大问题的谈判中，工业化国家和新兴经济体之间难以调和的矛盾严重限制了外交上的选择，从而拉低了整体上的合作水平。

因此，关键问题就在于：气候合作能否减少能源消耗和土地使用，这两个最难达成、要求最高、也是最重要的领域的排放？到目前为止各种迹象都表明，实现这些目标将比取得特定领域的局部胜利要困难得多。几乎所有气候制度的成功都局限于特定的部门，譬如《基加利修正案》和航空排放协议，而在森林砍伐和能源使用领域却并未取得类似的成果。例如，能源领域的成果主要归功于政府出于政治上的考量而推行的国家政策。米尔登伯格发现，国内气候行动的分配政治——尤其是利益集团之间成本和利益的分配——能够很好地解释各国气候政策在投入度上的变化。气候制度的演变轨迹表明，谈判者们越来越清晰地认识到国内政治的重要性，尤其是对于那些致力于满足其能源需求的新兴经济体而言。

总而言之，随着全球南方国家在气候问题上的重要性的日益提升（相较于欧美），全球气候合作的困难也在日益增加。虽然欧美间的争端和美国共和党的顽固态度导致了早期的困难，但美国在其经济现状和奥巴马总统的行政举措下，温室气体排放量的确大幅降低了。当欧美冲突被南北国家间的冲突所笼罩时，谈判者被迫寻找替代方案。最终，他们回到了去中心化的、自下而上的气候行动。这种方法虽然野心不大，但它适用于新兴经济体崛起的国际政治经济。毕竟当众多新兴经济体的经济快速增长且制度能力仍然滞后时，制定目标和时间表的做法并不可行。

新兴经济体的发展也让褐色问题在气候制度中更为突出了。摆脱了自上而下的、充斥着目标和时间表的制度后，气候谈判的维度更广了。人们越来越关注能源获取、空气污染、水源、土地退化和能源安全等问题领域。在联合国可持续发展目标下，关于这些领域的共同利益的讨论变得愈发重要，并且随着新兴经济体的结构性力量的增长，讨论的结果也变得愈发可靠。

由此，人们将越来越依赖于清洁技术的进步。由于各国并不愿意为了环保而牺牲短期的经济增长，研发污染物替代品的技术就成了关键。从中国、日本到欧盟，许多大经济体都制定了碳中和的长期目标。可再生能源发电和电动汽车的成本正在降低，其他部门也有望取得类似的进展，这使实现碳中和成为可能。中国将成为新兴经济体中的先行者：如果中国无法坚持下去，那么印度和其他国家就不太可能在短期内制定类似的目标；但如果中国采取果断的去碳化行动，其他新兴经济体将面临迎头赶上的压力；与此同时，它们还能从中国的投资中获取新一代清洁技术带来的红利。

在谈判中，气候制度改革还体现为，在更广泛的动态气候治理中，气候适应的重要性正在日益上升。在关于气候融资的讨论中，气候适应已经成为关键的议题。发展中国家，包括许多新兴经济体，认识到了气候适应的紧迫性，并坚决要求工业化国家提供支持。发展中国家缔约方的"国家自主贡献"常常以慷慨的外部资金援助为条件，并按照援助的多少来调整它们的减排目标。发展中国家一开始会设定了一个较低的目标，然后根据气候资金情况来相应地提高自己的目标。孟加拉国等国家还明确地将气候适应和气候缓解相结合，并制定了相应的国家气候政策。

由此，谈判中便出现了"损失和损害"（loss and damage）的概念。这个概念指的是，尽管采取了气候缓解和适应措施，许多国家仍然容易受到气候变化的负面影响，因此，需要制定相应的政策来处理这些影响造成的损失和损害。胡克、罗伯茨和芬顿指出，这一概念早在 1991 年就出现了，"当时瓦努阿图提出建立一个国际保险资金池，以补偿受到海平面上升的影响的发展中岛国。"2012 年的多哈缔约方会议通过了"多哈途径"（Doha Gateway）决议，同意在《联合国气候变化框架条约》下解决这一问题。"损失和损害"的概念打破了以气候缓解为基础的传统问题框架，其解决方案要么致力于气候适应，要么通过补偿和保险策略，而不论是哪一种情况，都是让富裕的国家向贫穷的国家伸出援手。

上述变化不仅是必须的，还给人们带来了新的希望。国际社会正在慢慢学习如何在一个新兴经济体崛起的世界里处理全球环境政治问题。在气候变化的问题中，我们看到，随着谈判者们认识到并且逐渐消化了新的现实，他们集体调整了自身的战略和期望。未来的任务依旧艰巨，但谈判者已经意识到了这些问题，并开始寻找解决这些问题的方法。虽然鉴于工业化国家和新兴经济体之间存在着不可调和的分配冲突，气候变化相关的总体合作水平依旧很低，但随着全球对气候变化的关注不断增多，清洁技术不断发展，国际社会若能在气候政治中秉持务实的态度，将会是非常有利的。

制度发展轨迹的比较分析

化学品制度是三个制度中最具局限性的，它在一个高度集中的、由寡头垄断的行业中依靠现成的技术解决了一些问题。生物多样性制度则涵盖了更广泛的社会经济领域，但大部分相关的自然资源都集中在少数几个拥有大片雨林的热带国家。气候变化是最根本的全球环境问题，因为几乎我们所做的一切，尤其是工业化的快速发展都将带来温室气体的排放。

如果说化学品制度取得了一定程度上的成功，那生物多样性制度则经历了彻底的失败。与此同时，气候制度展示了高风险项目下南北国家间合作的巨大困难。化学品制度取得成功的主因并不在于政治意愿、企业家精神或精妙的条约设计，尽管这些因素起到了积极的作用，而是因为化学品问题本来就不是一个很难解决的问题。在化学品合作中，各国参与成本低，且能获得实际收益（加强制度能力和改善当地环境质量），因此化学品的南北国家之间的合作成了本荒芜的全球环境政治中的唯一绿洲。因为化学品的全球治理只局限于特定部门的特定产品，合作中只需要执行"禁止"或"淘汰"政策就可以达到预期效果。这些政策不需要太多的制度能力，成本也不高，还能为技术创新提供机会。

在这样的情况下，即使我的分析模型中变化驱动因素展现出了局限性，也是情有可原的。虽然关键国家的数量明显增加，但对过时的工业化学品、杀虫剂和除草剂的禁止并没有因此变得困难。如果一些新兴经济体还在制造过时的化学品，并且因为缺乏先进的技术而不得不依赖它们，那么关于豁免、逐步淘汰、技术援助和财政支持的有效性和政治上的可接受性的经验记录是十分清晰的：这些简单又实用的策略可以打破谈判中局部领域的僵局。

在生物多样性的问题上，我们看到了新兴经济体日益增长的结构性力量可能会给全球环境政治带来的困难。生物多样性一直是最难达成合作的领域之一，因为几个发展中大国手握几乎所有的资源，而工业化国家出资保护这些资源的意愿却很低。越来越多的人认识到了生物多样性的重要性，当然，土地退化、森林砍伐和气候变化之间的联系也使得打破生物多样性合作的僵局变得更加紧迫。

发展中大国成长为强大的新兴经济体后，这些问题将变得更加复杂。尽管在许多领域取得了很大的进步。例如，虽然巴西的人口持续增长，且依赖大规模的农业来获得出口收入，但巴西在一定程度上控制了森林砍伐，但这种进步并不能归功于精心商议后形成的政治上稳固的全球制度。相反，这些进步反映的其实是不同国家的具体成就。更重要的是，我们看到的这些进步仍然是不确定、脆弱和零散的。如果说已经找到了一个真正可行的方案来解决森林砍伐、栖息地破坏和生物多样性丧失这三重问题，就太夸大其词了。

在气候变化问题的实践中也遇到了同样的困难。鉴于这一挑战的深度和广度，南北国家间的冲突影响了谈判至少十年之久。在二十世纪，由于谈判者的短视，这些冲突被忽视或压制了。1995 年制定《柏林授权书》时，谈判者仍然全心全意地相信，他们可以在新兴经济体不做出任何承诺的前提下，在气候变化问题上取得有意义的进展。

今天，谈判者面临的情况已是天壤之别。在全球气候合作中，谈判者们已经放弃了严格执行具有约束力的、自上而下的全球性条约，转而使用较柔和的"承诺和审查"的方法，让各国在自愿的基础上开展去中心化的、自下而上的合作。尽管有些复杂和不稳定，但这是面对不断变化的现实的合理举措。由此，气候变化制度正趋于完善。国家主权和经济发展的首要地位成为当今国际气候谈判的基石，而反对这些原则的声音都已平息。

因此，通过对这三种制度的发展轨迹的比较，我们发现了在新兴经济体的崛起之下，南北国家间的合作仍有实现的可能性。当具体的问题有简单的解决方案（如全面禁止）且成本不高时，南北国家间的合作的困难可以通过逐步淘汰、豁免、技术援助和资金转移等一系列手段来规避。对于局限性强且只需要技术手段就能解决的环境问题来说，新兴经济体的崛起的影响力虽大，但并不是决定性的。在这些问题领域，传统的方法论足以产出令人满意的解决方案，不同的只是新兴经济体的实力上升为它们锁定了更多补偿付款。化学品等问题的"问题结构"可以减轻新兴经济体的崛起给全球环境合作带来的负面影响。

但当这种简单的解决方案不可行时，南北国家间的合作就会变得非常困难，而且随着时间的推移，合作会越来越困难。谈判的确能助力特定部门的技术性解决方案的广泛实施，但想要通过谈判，在一个新兴经济体崛起的世界里取得合作的进展，仍是一个十分严峻的挑战。关键国家不仅拒绝接受对其国家主权或经济增长的限制，他们履行承诺的能力还受到了其有限的制度能力的影响。因此，谈判者发现，想要打破现状十分困难。通过《巴黎协定》我们看到，如果不再迫使各国严格执行条约，各国反而会展开一定程度的自下而上的自主行动，但死守目标和时间表的传统方法肯定是死路一条。同样，谈判者在解决气候变化的来源问题上也取得了一定的进展，例如《基加利修正案》对氢氟碳化合物排放的控制，但在更为广泛的温室气体问题上，进展却缓慢令人沮丧。风能和太阳能等核心技术的成本的大幅降低，是在遏制气候变化的源头上取得了进展的最佳印证。虽然成本的降低并不会彻底消除在气候问题上的南北国家间的冲突，但却创造了在不牺牲经济利益的情况下，脱碳得以实现的机会，从而降低了对合作深度的要求。在这里，我们再次看到问题结构起到了关键的调节作用。

第五章

全球环境政治中的中国和印度

在全球环境政治中，亚洲的两个新兴经济体——中国和印度——获得了全球的关注。一边，中国作为"世界工厂"，是二十一世纪全球领导地位的有力竞争者。另一边，虽然很少有人看好印度这个南亚最大的国家能在短期内称霸世界，但在未来的几十年里，印度有着巨大的增长潜力还有待开发。

出于这些原因，中国和印度是任何全球环境分析中必不可少的研究对象。我在本书的前半部分探讨了全球环境政治的全局及其三个重要制度的演变，现在我将转换视角，探讨新兴经济体的经验、观点和未来。通过对具体国家的分析，我们可以将国际治理方式和当地现实联系起来。对中国和印度的分析是必须进行的，因为它们已经成为二十一世纪全球环境政治中极为重要的两个参与方。不论进行何种形式的研究，如果不考虑中国和印度，是不可能理解当今全球面临的巨大环境挑战的。

中国和印度都是未来全球环境政治中举足轻重的国家，但原因却截然不同。今天的中国已经高度工业化，拥有高水平的制度能力，中国减少污染和资源消耗的表现将直接决定全球环保的成效。一方面，近几十年来作为世界工厂的中国是带来全球环境压力较多的国家；另一方面，考虑到中国相对较高的制度能力水平，中国政府的确有办法改善这样的状况。

虽然印度仍是一个以农业为主的经济体，但从长期来看，其经济前景还是相当光明的。根据联合国的数据，印度成为世界上人口最多的国家。鉴于其庞大且不断增长的人口，印度是否有能力缓解经济增长对环境造成的影响，对全球环境合作来说具有决定性的意义。如果印度的人口和经济继续快速增长，印度又不愿意针对环保问题进行大规模投资，那么不论是在国家、地区还是全球层面上，都将造成严重的安全威胁——这是世界各地的政策制定者越来越关注的现实。

很可惜，印度依然缺乏足够的制度能力。根据利维的分类，印度属于典型的竞争性制度，在这一制度下，公共政策能力的发展十分受限："腐败现象在印度国内普遍存在，且一直以来，政府无法保障足够的基础设施和公共物品，这表明在从个人竞争力到法治竞争力，再到可持续的民主制度的发展轨迹上，印度只走完了一半。更令人不安的是，在二十世纪，鲜有国家能够沿着这条轨迹，以开放的姿态循序渐进地发展。"随着社会变革的半途而废，印度维持经济增长的能力并不被看好，更不用说环境政策这样一个次要的问题领域的发展前景了，它一定会受到经济发展动力不足的拖累。

我将通过定量分析和定性分析来比较中国和印度。我将使用客观标准来比较两国的制度能力，例如上述的"全球治理指标"（WGI）和环境部的预算数据，以及该领域专家提供的证据——在大规模的实证研究的基础上，他们对中国和印度的治理表现进行了评论。这些充足的数据使我能够将这两个国家的环境偏好、破坏力和制度能力等因素与国内环境政策和全球环境谈判联系起来。我的研究主要借鉴了现有的文献，毕竟对中国或印度的国情调查本身就已经是独立的研究课题了。在衡量了两国的环境偏好、破坏力和制度能力，及其国内和国际环境立场后，我将论证基本面的变化会如何导致这两个国家的国内和国际政策的变化，并论述二者之间的关系。

当回顾中国和印度在全球环境政治中立场的演变时，我发现其中的关键变化都与国家结构性力量的大规模扩张相关。在全球范围内，中国和印度之间的一个重要的区别是他们解决环境问题的制度能力存在差距。随着经济增长，中国的制度能力也在大幅提升，这也体现在了环境政策上；反之，印度的经济增长基本上是在能力和制度变革有限的情况下实现的。虽然中国的飞速发展的确导致了环境恶化，但如果其制度能力没有增长，国内偏好也没有转变，结果会比现在糟糕多了。

坏消息是，下一批崛起的新兴经济体的制度能力更像印度，而非中国。但好消息是，如果这些新兴经济体跟随中国的步伐，设法提高其制度能力，同时增强环保意识，那么地球将拥有一个更加可持续的未来。

中国崛起与全球环境政治

虽然中国崛起于世界经济之巅的过程十分明了，但在全球环境政治的层面，想要复制中国的成功却很难。与大多数新兴经济体相比，中国的制度能力已经达到了较高的水平，也正因为如此，中国的经济增长也正逐步转化为环保上的成功。由此，长期来看，中国是有能力限制和缓解经济快速增长带来的环境恶化的。有证据表明，如果中国政府没有推出多重政策，把工业化和经济扩张造成的损害降到最低，情况可能会更糟。

中国于1978年启动了一系列震撼世界的经济改革（而非政治改革），促进了中国经济的腾飞。为了提高生产力，中央政府采取的措施包括：将新技术引入停滞的工业、打造出口导向型产业、允许外资进入、实现教育现代化等。

在接下来的几十年里，这些措施带来了经济的飞速增长，使中国一跃成为毫无争议的工业强国。1978年至2015年，除了1989年和1990年，中国的人均收入每年至少增长6%，2007年的增长率更是达到了惊人的13.6%。以2010年物价为基准，中国的工业价值从1978年的885亿美元增长到2015年的4.12万亿美元——在不到40年的时间里翻了近50倍。

然而，中国的经济增长也促进了气候变化。从1990年到2018年，中国的温室气体排放量从33亿吨增加到134亿吨二氧化碳当量。由此，中国远超美国，成为世界上最大的排放国，但中国的排放量很大一部分来自出口到世界其他地方的商品。如果按照消费量而不是生产量来计算，中国2017年的排放量将比原数值低13%。换句话说，近20亿吨的温室气体其实是中国制造并销往海外的产品排放的。

在经济改革早期，环境问题显然是较为次要的。贫困和低效的生产方式是中国原始经济模式下诱发环境问题的主因，毕竟比起环境污染和资源枯竭，中国在经济增长和政治稳定方面面临着更直接的威胁。

二十世纪八十年代末，中国开始了针对环境问题的行动。西姆斯提出，1978 年由邓小平发起的全面经济改革，对中国当代环境领域的官员来说，是非常重要的时代背景。1974 年斯德哥尔摩会议后中国成立了国务院环境保护领导小组，20 世纪 90 年代中期，中国政府建立起一个有能力的环境管理机构。20 世纪 80 年代，中国就已经开始为环保做准备，到 90 年代中期，中国开始实施环境政策。

中国经济高速增长后不到十年，政府就意识到需要做好准备以应对环境问题，但这种认识直到十年后才转化为行动。摩尔和卡特指出，直到 1997 年，中国的公共环境投资占 GDP 的百分比还一直徘徊在 0.6% 左右；但 2001 年，其公共环境投资超过了 1%。由于 GDP 也在快速增长，公共环境投资的实际金额其实已经翻了 3 倍。行政上的改革也给环境事业提供了非常关键的政治推动力。

中国的国际环境立场也遵循了类似的逻辑。刚加入全球环境制度时，中国的立场与七十七国集团的总体立场基本一致。中国在谈判中采取了防御姿态，以避免做出会影响国内经济发展的承诺。考虑到当时中国的经济规模并不大，这样的防御性战略取得了很大成功，总体而言，当时国际社会对中国政府的态度并不介意。正如米勒所言，中国"坚持加入环境条约必须以帮助中国……进行技术过渡为条件。"

在气候谈判中，中国也一直是"共同但有区别的责任"原则的倡导者。中国认为，工业化国家必须带头开展气候活动，因为它们更富裕，且对全球变暖负主要历史责任——比如英国对大气的污染可以追溯到工业革命时期。埃克诺米说："在1992年地球峰会里约会议上，许多国际观察员认为，中国固守己见，联合发展中国家站在了工业化国家的对立面，试图阻止关于气候变化的国际协议的达成，而气候变化问题正是会议最关键的议题之一"这对当时处境下的中国是无可厚非的。

然而，中国国内对环境的关注也在日益增长。随着中国工业化进程的加快，资源消耗和污染加剧、水和空气质量恶化、森林枯竭等问题日益凸显。在没有严格的环境法规的情况下，工业扩张逐渐对公众健康和生活质量构成了威胁。根据刘建国和戴蒙德整理的数据，当时在142个国家中，中国的环境可持续性排在第129位。中国当时在以下五个环境领域存在重大问题：空气、土地、淡水、海洋和生物多样性。

有许多具体案例，甚至极端案例可以证实这些问题。2015年12月，北京市政府宣布了为期三天的污染红色预警，并下令关闭了建筑工地、工厂和发电厂。当时，北京的污染指数比世界卫生组织建议的污染指数高了近15倍。环境检查员在城市周围奔走，以确保禁令的彻底实施。

中国工业繁荣带来的另一个非常直观的后果是河流的枯竭。二十世纪五十年代，中国有5万多条拥有"重要流域"的河流，到2013年只剩下了2万多条。在工业、农业和其他领域的过度开采下，河流迅速干涸。在描述"淮河之死"时，埃克诺米说："1999 年和 2000 年，淮河二十年来首次出现干涸的现象。当地经济受到了沉重的打击。"

然而，在很长一段时间里，中国的国际立场并未立刻发生改变。因为中国政府担心工业化国家会限制中国的经济增长战略。对中国来说，基于环境原因的贸易限制是一个特别突出的威胁，因为"中国十分清楚，其需要的是一个支持其发展的全球环境体系，其核心是全球经济的开放，环境原因不会对贸易产生限制。这样一来，其和其他国家在履行环境承诺时，才能维持出口的快速增长和持续的外资流入。"

在气候问题上，中国的谈判立场鲜有变化。2009 年 12 月哥本哈根峰会之前，中国遵循了七十七国集团的立场，强调工业化国家的带头作用，要求大量的资金和技术支持，并且重申了"共同但有区别的责任"原则。中国"竭力保全《京都议定书》，即在共同但有区别的责任原则下……中国非常坚持这一立场。这样一来，中国确保了主权的完整性，还针对全球变暖问题，做出了更多国内能源和气候政策上的承诺"。

博丹斯基认为，在哥本哈根会议上，"中国比以前更自信了，这是大国崛起的姿态。"这样自信满满的谈判姿态体现在"尽管总理本人就在会议中心，中国政府还是派了一名级别较低的官员参加（与美国的）首脑会谈"。这是一种对自身谈判实力极度自信的信号。在会议上，为了以工业为基础的经济增长不受温室气体和碳排放目标的约束，中国的态度让工业化国家感到不满。

　　然而，哥本哈根会议之后，中国的立场转变了，且变化之快出乎了许多评论家的意料。2014 年，奥巴马总统和习近平主席就气候变化问题发表联合声明，中国首次正式宣布，"将在 2030 年前后达到二氧化碳排放的峰值，并尽最大的努力提前达到峰值；在 2030 年，将一次能源消耗中非化石燃料的占比提高到 20% 左右。"2015 年 6 月 30 日，中国提交了国家自主贡献方案（Intended Nationally Determined Contribution, INDC），称"将在 2030 年前达到二氧化碳排放峰值；到 2030 年，将 GDP 的碳强度降低到 2005 年水平的 35% 至 40%，将初级能源供应总量中非化石能源载体的份额提高到 20% 左右，并将森林蓄积量相较 2005 年增加 45 亿立方米。"为 2015 年 12 月进行的巴黎谈判做准备。2020 年 9 月，习近平主席再次重申中国的二氧化碳排放将在 2030 年前达到峰值，并且宣布中国将在 2060 年前实现碳中和。在四十年内实现碳中和是一个艰巨的挑战，通过习近平主席的指示我们看到，中国领导人越来越将低碳转型视作必须了。为了实现这个宏大的目标，中国政府需要立刻采取行动，减少中国对煤炭的依赖。

　　在水俣，关于汞的谈判中也出现了类似情况。印度秉持其传统立场，在整个谈判过程中展现了消极的态度。然而，中国在第五次也是最后一次谈判会议上转变了立场。中国不仅接受了对新汞源的强行控制，并且不再坚决反对就现有汞资源的控制要求制定严格的时间表。正如斯托克斯和塞林所论证的一样，中国立场的转变可以归功于其国内对空气污染的日益关注、工业化的基本完成以及国内科学和技术能力的提高等因素。

中国立场变化的根本原因是中国深层次的经济转型。在2009 年哥本哈根会议之前，随着中国工业经济的飞速发展，中国对煤炭和其他化石燃料的需求也持续增长。可到了 2011 年，中国对煤炭的需求开始放缓，2014 年煤炭的使用量甚至下降了。根据世界银行的数据，2006 年工业部门贡献了中国 47% 以上的GDP，但到了 2015 年这一数字下降到了 41% 以下。随着经济发展的重心从工业转向服务业和商业，国家繁荣不再完全依赖于资源的消耗，这也符合环境库兹涅茨曲线。

作者认为中国政府在环境偏好上的转变是滞后的。尽管中国经济的增长不再高度依赖化石燃料，环保民间势力也已经形成，但中国政府的态度并没有发生根本性的改变：即使没有社会压力，其也依旧把经济增长放在首位，将环境问题视为一个需要克服的挑战。在中国，环境标准的监测和执行是由下级政府负责的，而它们更重视经济增长而非环境保护，从而形成了竞次效应。

中国的特色在于其拥有较高且不断提升的制度能力。二十世纪九十年代中期，中国环境部门的工作人员已经超过了 10 万人。此后，在各种政策和法规的推动下，环境投资在其 GDP 中的占比迅速上升。从 1991 年到 2004 年，环境从业者的人数从大约 7 万增加到了 15 万以上。在 GDP 爆炸性增长的情况下，环境支出的 GDP 占比依旧坚挺。近年来，这一趋势仍在继续，2009 年至2016 年，环境部的预算从 1680 亿美元提升到 4800 亿美元，在 7

年内翻了 3 倍。

吉利认为，中国的环境政策其优点是"能动员政府和社会人士对严重的环境威胁做出迅速、中心化的应对。然而，在相关部门持不同意见的问题上，'生态精英'的计划很容易在实践中遇到阻碍。"这种模式有助于中央政府制度能力的提高。

接下来，我们来探究中国的政治经济问题是如何导致其环境政策执行上的问题的。首先，中央政府把相当大的决策权下放到了各省级行政机构，制定了强有力的激励政策鞭策各省领导人取得政绩，释放地方的创新能力。这种做法引发了与环境有关的复杂问题：如果地方领导人有很强的动力提高经济业绩，他们可能会以牺牲环境为代价。污染会波及其他省份和当地居民，但由于经济成绩才是决定省领导仕途的关键，他们可能会无视这些污染情况。只有当环境问题威胁到了政治稳定或经济发展时，他们才会紧张起来，但也很少将本省的污染对外省造成的影响放在心上。

其次，国有自然资源和重工业拥有巨大的政治影响力，可能会给环境监察造成一定阻力。例如，中央政府要求各地按规定上报当地的环境状况，通过对 113 个城市的报告合规性进行研究，发现有些重污染行业的大公司并没有遵守国家法规："城市的经济越是受大公司影响，大公司对污染源的披露就越是不合规。相比之下，如果一个城市的经济由小公司支撑，那么市政府对这些小公司提出的披露要求会更高。如果城市的龙头企业属于高污染行业，那披露情况就非常糟糕了"。

2015 年 3 月，中国政府决定将燃煤电厂的环境评估审批下放到各省级行政机构。米利维尔塔和拉米认为，这一决定直接导致了 2015—2016 年获批的燃煤电厂的数量飙升。地方政府只顾建造发电厂带来的经济效益，而忽略了更大范围的社会成本，包括对中国国际声誉的负面影响。燃煤电厂的审批通过速度之快，导致 2016 年中国中央政府不得不"一刀切"，对正在建造的燃煤电厂下达停工令。

在经济增长的大方向下，省级领导有强烈的动机不顾长期的成本，将短期的经济利益最大化。反正污染造成的损失和国际上的负面舆情都有其他省份共同承担，他们便无视了跨省的负面外部效应，甚至无视了日后本省将面临的损失，通过投资煤炭发电，一味追求当地眼下的经济增速。

中国还在其他国家参与了设计、资助和建造燃煤电厂的项目。虽然中国降低了本国对煤炭的依赖，但在印度和印度尼西亚等国家资助了数百个项目，依旧是"全球燃煤发电项目的最重要参与方之一"。

在多边合作中，中国力求树立一个良性崛起的负责任的大国形象。中国强调自身的崛起是对周边国家及全世界有利的，能在拥抱多边主义和尊重其他国家主权的前提下为全球带来新机遇。在气候变化问题上，中国作为负责任的大国，积极推行了可再生能源政策和对二氧化碳排放的限制。

中国对"气候卫士"形象的追求与商业上的逐利是并行不悖的。凭借强大的工业实力，中国从一开始就在全球风能和太阳能技术市场占据了领先地位。在中国的推动下，2008 年至 2013 年，全球太阳能电池板价格下降了80%。到2016年，中国在全球太阳能组件市场中占据重要地位，产量占了全球总产量的71%。

　　尽管中国的国际能源表现好坏参半，但不可否认的是，中国政府执行环境政策的能力在日益增强。张雪华分析了2007年中国中央政府的一个执法项目，"该项目旨在打击普遍存在的数据造假现象，提高排放数据的质量，并基于这些数据来评估当地政府是否达到了既定目标。"该分析指出，虽然数据质量仍然不理想，但中央政府在很大程度上实现了该项目的目标。中央政府在打击地方政府蓄意虚报上取得了成功。

　　从业者们也认识到，中国在执行环境保护法规和实施有效政策方面的能力正在不断增强。世界自然资源保护委员会（The Natural Resources Defense Council）的高级律师和亚洲区主任芭芭拉·菲纳莫（Barbara Finamore）指出："2015年1月生效的对《中华人民共和国环境保护法》的颠覆性修正案，是环境部门官员和公众强大的新武器，为中国的污染控制工作提供了坚实的法律基础。"修正案对违规者进行了严厉的处罚，明确了官员的环保成绩将作为绩效评估的标准，并赋予了民间组织起诉污染者的权力。修正案通过"谁污染谁负责"的原则，解决了中国环保制度的核心缺陷，鼓励地方官员在追求个人发展时重视环境质量，并联合了非政府组织的力量。

　　在全球环境谈判中，中国日益强大的制度能力带来了开明的谈判立场。在化学品监管问题，尤其是汞问题上，中国基于环境科学制定了可行和有效的政策，原先抵制合作的立场也随之发生了一百八十度大转弯。在气候变化问题上，中国政府推行了相应的政策，迅速扩大了可再生能源和清洁技术的应用范围，使低碳增长成为可能。虽然制度能力本身并不足以让一个国家对全球环境治理起到决定作用，但至少可以降低气候缓解政策的成本和不确定性。在汞问题上，强大的制度能力使中国有能力做出汞淘汰的承诺；在气候变化问题上，它为低碳发展创造了机会，有助于解决能源安全、空气污染、温室气体排放等一系列问题。

总而言之，中国快速的经济转型的确造成了大量的国内和国际环境问题，但是，中国国内政府和民众对环境恶化十分关注，且政府具有相对较高的制度能力，中国并未被这些问题困住。中国的国内政策和国际立场都反映了其对环保日益增长的需求，而中国在汞和气候变化等问题上谈判立场的转变，对全球环境合作来说不可或缺。

鉴于近期的表现，我相信中国的环境立场将继续朝着绿色的大方向发展，当然，主权完整是必不可少的前提。中国经济向服务型经济的转型将减少其对环境的压力，经济增长将不再高度依赖工业产品的生产和出口。

全球环境政治中的现代化印度

印度的崛起与中国有些许相似，但也存在着几点根本的区别。印度经济发展速度也很快，但经济转型的速度不及中国，没有中国彻底，也缺乏中国那种高水准的制度能力。因此，印度在经济转型的程度和环保的成就方面仍然落后中国几十年。

值得一提的是，不管过去还是将来，大多数新兴经济体的发展轨迹将更接近于印度，而不是中国。由于环保能力有限，大多数新兴经济体势必会效仿印度的模式——经济增长快速但不受控制，环保成果十分有限。因为能力不足，其他新兴经济体很难像中国那样最大限度地实现经济增长，而且这也意味着这些国家每前进一步，都会产生比中国更加恶劣的环境影响。

印度究竟是何时开始经济转型的，到目前为止学界还没有达成共识。一些学者认为纳拉西马·拉奥（Narasimha Rao）政府为了应对国际收支危机，于1991年颁布的经济改革是印度经济转型的关键；其他学者则指出，印度经济实际上在二十世纪八十年代初就已经打破了沉闷的"印度教徒式增长"。无论如何，印度的经济表现在二十世纪末有了显著的改善，这是毋庸置疑的：印度经济在二十世纪六十年代的年平均增长率只有3.9%，七十年代下降到2.9%，八十年代增加到5.6%，九十年代保持在该水平之上。2001年至2010年，印度经济年增长率上升到7.4%，2011年至2015年期间保持在6.7%。

尽管印度的经济崛起不像中国那样引人注目，但整体上还算理想。以2010年物价为基准，印度的人均GDP从1980年的394美元增加到2015年的1751美元，几乎翻了5倍。印度虽称不上工业强国，工业增加值也从1980年的766亿美元增长到2015年的6 650亿美元，几乎翻了10倍。

印度的早期环境政策在理论和实践上都非常薄弱。尽管印度针对水质和空气质量制定了保护措施，但与工业化国家相比，这些措施是微不足道的，且几乎没有被实施。赖希和波旺达指出，1976 年，"印度宪法的修正案首次为环保提供了强有力的宪法基础，并强化了国家和司法机构干预环境事务的权力"。而在此之前，印度的环境政策都是临时的，并且存在风险。1976 年后，印度制定了一系列环境法律，涵盖了从森林保护到工业污染控制等领域，但在二十世纪九十年代初，赖希和波旺达发现，"整体环境政策的缺失或是环保要务的不明确是印度实施其环境政策的障碍"，这一论断至今仍然适用。

薄弱的环境政策的背后是印度极度的贫困。二十世纪末，赤贫现象在印度仍随处可见。2001 年的印度人口普查显示，只有65% 的印度人识字，56% 的家庭有电。换句话说，在千年之交，每三个印度人中就有一个是文盲，近一半的人家里没通电。在这样的情况下，环境问题不在印度政府的议程之列也就不足为奇了。毕竟对于绝大多数的印度人来说，比起全球环境恶化，从就业、教育到电力，缺乏基本的经济设施和机会才是长期以来更为显著的问题。

2011 年的印度人口普查显示，印度的发展速度很快。从2001 年到 2011 年，印度的识字率从 64.8% 上升至 74.0%；家庭通电率上升至 67%（不包括离网型太阳能发电）。到了 2020 年，几乎每个家庭都通了电，识字率接近 80%，这再次印证了印度的进步。

从印度的国际立场可以看出，印度国内民众对环保并不关心。拉詹广泛调研了 1990 年前后印度的全球环境谈判立场后得出结论："在政治上，印度国内民众对全球环境问题的关注很有限，非国家行为者的影响也有限，因此，政府在政策制定上有相当大的自主权。"他进一步指出，在任何谈判中，印度都有两个不变的目标："防御性目标，与维护主权、保证公平和解决弱点有关；以及更加主观的目标，与确保经济利益和在国际体系中行使更多的权力有关。"然而，这两大目标都不包括对全球环境的保护。

甚至印度比其他发展中国家更积极、更直言不讳地反对以经济增长为代价去保护环境。1992 年地球峰会刚结束，亚桑诺夫就指出，印度"很快采取行动，抵制北方国家宣传的因果模式，该模式将印度塑造成了当前全球变暖问题的主要排放国。"印度的论点是，考虑到其温室气体人均排放量很低，而且大多数人口仍生活在贫困中，该国需要足够的碳空间来发展经济。相应地，几个世纪以来，富裕的工业化国家依靠化石燃料已经积累了大量财富，应该减少它们的排放量，以增加印度的排放配额。

在某种程度上，印度强硬的立场也反映了其长期的英国殖民史。印度的民主制度和舆论自由也鼓励了出于国内政治目的而对工业化国家展开攻击。在很长一段时间里，印度一直进行着反殖民抗争，经历了甘地的非暴力运动和 1947 年混乱的国家分治，这导致印度国内关于全球环境政治的讨论包含了大量的反殖民和反帝国主义的言论。尽管印度最终成功独立，并非常引以为豪，但大英帝国的"幽灵"仍游荡在其舆论和政治领域。印度的精英们在讨论全球环境政治时依旧会盲目援引他们的"自由斗争"，时刻提醒工业化国家的代表们，他们必须认清一个贫穷国家的生活现实，以及非暴力不合作运动的伟大领袖圣雄甘地相信，工业化国家的生活方式是不可持续的。

阿加瓦尔和拿伦在为科学与环境中心（The Centre for Science and Environment，一个位于新德里的环保组织）撰写的一份著名报告中指出，地球峰会上提出的气候政策是"环境殖民主义的一个例子"。若是想要指责一个政策带有环境殖民主义色彩，区分"奢侈性"和"生存性"排放便是其中的关键。拿伦回顾了她早期参与气候变化辩论时的言论后解释道："世界需要区分穷人的排放（自给自足的水稻种植或动物饲养带来的排放）和富人的排放（譬如汽车的排放）。生存性排放不等同于，也不可能等同于奢侈性排放。"

从上述轶事中，我们获得了一个关于印度环境政治的重要启示，即印度民间社会与政治经济精英阶层之间存在着耐人寻味的关系。虽然印度的生态运动家们利用了国家的民主制度来对抗政府的压迫，但在许多问题上，其最高调、最激进的环保主义者其实也在为政府发声。当阿加瓦尔和拿伦指责西方的环境殖民主义时，他们实际上也在为印度政府在气候谈判中的早期立场背书——强调了气候变化是由工业化国家造成的。虽然他们和其他印度环保主义者经常在国内的环境事务上为难他们的政府，但他们的反西方立场也合理化了政府反对全球环境合作的立场。在全球南方，这种环境主义的弦外之音（particular overtone）是不可忽视的，这说明对环境的关注不一定会带来美国和欧洲主流环保主义者所认可的结果。

我曾目睹了印度环境辩论的紧张氛围。2013 年，我去了印度南部的卡纳塔克邦班加罗尔市，访问了当地的一家科研机构，与才华横溢的科研人员们展开了会谈。其间，我提到了印度经常在气候谈判中反对监测和核查等措施。话音刚落，科研人员便自动分成了两派，一半的人热情地点头，激烈地论证了环境的可持续性和低碳发展对国家的好处；另一半的人则指责我不公平。他们误以为我是美国人（其实我是芬兰公民），质问我的生活方式产生了多少排放。我当时住在纽约市，刚从那里飞到德里，我不得不承认，他们说得对，美国的人均排放的确远高于印度。

之后印度的言辞逐渐软化，不再频繁提及殖民和帝国主义，但实际上印度对殖民和帝国主义仍时刻保持着战斗的姿态。乔希与德里政策制定者和相关民间人士进行了 22 次访谈，并对哥本哈根气候峰会进行了参与式观察后，她发现"发展中国家的自我定位是印度气候政治的关键特征。国际分配正义一直是南北国家环境政治中的重点。南方国家要求发展空间，并强调北方国家应该对当代环境危机负责。"她进一步指出，在她的受访者中，"的确有少数受访者认为迫在眉睫的气候危机需要所有国家共同采取措施，但就算是他们自己，也因为害怕经济发展受限，而无法下定决心支持印度树立明确的减排目标。由此，印度似乎不愿意放弃原来的立场，这也体现在当前的气候谈判和国家层面的气候讨论中。"

其他学者也认可了这种注重历史延续性的评估方式：印度的气候政治，甚至全球环境政治整体上都受到了第三世界运动和英迪拉·甘地在 1972 年斯德哥尔摩会议上的突出表现的深远影响。杜巴什说："印度的气候政治具有明显的连续性。'气候公平'的主导框架——通常表现为围绕着全球公共资源的南北国家间的竞争——建立得比较早。这一框架与国际谈判背景相结合，共同塑造了气候政治的现状，将气候问题排除在了印度国内政治和政策空间之外。"尽管印度已经逐步接受了可持续能源并认识到了节能的重要性，但全球公平的总体框架和追求经济发展的主权权利依然是必不可少的前提。

之后，杜巴什以同样的方式评估了印度在《巴黎协定》中的作用。在《保障发展和减少弱点》中，他指出，在巴黎敲定的自下而上的架构"应该允许印度在保障发展的前提下，探索发展和气候目标之间的更多联系……《巴黎协定》提供了一个框架，印度可以在这个框架下追求利益，虽然这个框架并不能保证这些利益的兑现。"尽管在关于印度的讨论中，《巴黎协定》放弃"共同但有区别的责任"原则的做法受到了批评，但另一方面，《巴黎协定》也为印度提供了灵活度，让印度可以利用通过气候行动获得的共同利益来发展经济。

气候问题也带来了印度政策讨论中关于"共同利益"的讨论。许多通过减排来缓解气候变化的行动产生了附带效益。例如，提高能源效率可以节约经济成本。印度已经启动了推广高效照明技术等提高能源效率的措施。

印度雄心勃勃的可再生能源目标中有一个例子，有力地证明了印度对"共同利益"的重视。根据《巴黎协定》，印度设定了175千兆瓦的可再生能源发电目标（大型水电设施除外），这一目标将主要通过太阳能（100千兆瓦）和风能（60千兆瓦）来实现。然而，该目标的主要驱动力并不是气候变化问题，而是农业、工业、商业和家庭对充足电力的需求。对可再生能源的投资提升了发电能力，加强了地方的能源保障，减少了空气污染——这些都给印度公共政策带来了实打实的好处。

随着经济结构转型，中国在汞问题上转变了谈判立场，而印度依旧持反对立场。正如前一章中提到的，印度顽固地反对新的汞规则的关键原因，是它缺乏生产汞的替代品的技术和相关制度能力。在不到十年的谈判中，中国的立场迅速转变，印度却因为经济转型不足而无法跟上中国的脚步。在第五轮的谈判中，中国一改之前的态度，选择支持汞条约的签订，而"印度并不积极……不愿意就实施高于现标准的减排技术做出承诺。联络小组想将源头阈值（source thresholds）等概念付诸实施，此举也遭到了印度的反对。印度还拒绝在没有中国支持的情况下，通过淘汰汞的日程的最终方案。"

因此，总的来说，在环境问题上，印度的变化主要得益于行动成本的降低或附带利益的上升，而不是对环境重要性产生了新的认识。印度的地方环境问题已经刻不容缓，相应的政治压力也不断累积。然而，只有当环境问题威胁到了利益集团，或有成本较低的解决方案时，政府才会偶尔用松散（piecemeal）的解决方案进行搪塞。印度的环境偏好从根本上并没有发生变化，国内经济仍是领导层的首要考量。

卡梅伦等人调研了日益严格的气候计划对清洁烹饪燃料价格的影响，洞察了印度的决策者，乃至整个印度社会在减排上所面临的具体问题。他们的结论敲响了警钟："按照最严格的气候方案，相对于基线而言，到2030年，清洁燃料成本将增加38%，使用传统炉灶的南亚人将增加21%，或者实现全民清洁烹饪的最低政策成本将增加44%。"虽然这些数字有很大的不确定性，且在很大程度上取决于政策细节的设计，但毫无疑问的是，印度在平衡经济发展和环境方面面临着巨大的挑战。

在全球环境谈判中，印度扮演着非常有意思的角色：其国家实力基本来自未来的破坏力（未来对全球环境构成的威胁）。尽管印度仍十分贫穷，但就像我们之前提到的，按购买力平价计算，2015年它已经是世界第三大经济体了。印度是世界人口第二大国，且工业化水平不高，这样一来，巨大的经济潜力将使其能源消耗以惊人的速度增长。正如本书序言所预测的一样，在目前的政策下，到2040年，印度的能源需求将增加70%。（该预测具有不确定性，因为印度的能源消耗量会随着国内和国际经济状况的变化而变化。）如果印度能够用更清洁的煤炭替代品来满足其不断增长的电力需求，那么全球气候的前景将更加光明。随着成本的迅速下降，印度安装了风能和太阳能设施，成功地提升了可再生能源发电能力，给人们带来了希望。大量使用可再生能源可以驱动印度的经济发展，并且不会像依赖煤炭那样对环境造成巨大的副作用。

虽然很难准确预测印度将如何发展，但可以肯定的是，印度对环境的破坏力将是迅猛的，并在很大程度上取决于国内政策。如果印度在大规模扩展可再生能源上赌赢了，那么经济和社会发展可能就不会走上中国依靠煤炭的老路。反之，如果印度不能制定强有力的政策和监管框架来管理发电能源，投资间歇性太阳能和风能等智能基础设施，那么未来几年其空气质量将继续恶化。

尽管国际环境问题日益成为印度公开辩论的主题，但印度政府和国内政治精英们在全球环境谈判中仍普遍保持着防御的姿态。印度充满活力的民主制度催生了大量生态抵制运动，但政治精英们最关心的还是经济发展及随之而来的政治生存问题。环境问题只有在个别情况下才会成为焦点，譬如公众对首都新德里冬季的空气质量，或是对具有宗教意义的恒河的水质感到不满时。

印度首都新德里是一个无序扩张的杂乱城市。2015 年 12 月 23 日，新德里的空气质量指数达到了"430—435……污染监测机构发布了紧急健康提醒。"虽说造成极端空气污染的原因是复杂的，包括污染物远距离迁移的大气运动，但以阿尔温德·凯杰里瓦尔（Arvind Kejriwal）为首的市政府还是宣布了一项名为"奇偶计划"的紧急措施来减少交通污染。根据这项尾号限行计划，单号日期时，只有车牌号末尾数字是单号的车才能上路。

这一紧急措施的优点无须赘述，但更重要的是，我们需要思考为什么它没有演变成长期的政策。空气污染已然引起了公众的愤怒和讨论，但无论是市政府还是中央（联邦）政府都没有采取任何长期举措来解决这个问题。严寒褪去，空气污染减少，这个问题便从公共议程上消失了。尽管空气污染常出现在新闻里，也在电视上被讨论，但印度人对改善空气质量的决心还远远不够。

印度的环境政策问题只是整体行政问题中的一小部分罢了。韦德早就认识到了印度政府的低效，并提出了出于政治动机的频繁调职问题："虽然我们不应该认为腐败的政府就是坏政府，也不应该认为诚实的政府就是好政府，但是，既然有很多人在讨论为什么要进行人员调动，就充分说明了人员调动带来的效果是退步的，降低了各个部门的效率和产出。"巴德罕比较了中国和印度的治理方式，他发现，尽管印度在 1991 年进行了改革，但竞争性的民主模式却致使其长期性投资短缺，导致了令人失望的结果："印度的经验表明，民主制度也可能以其支持者想象不到的方式阻碍国家发展。竞争性的民粹主义——为赢得选举而在短期内迎合和施舍选民——可能会损害长期性的投资，尤其是在基础建设方面，这成了印度发展的一个关键瓶颈。这样的政治体系下，在道路、电力和灌溉等领域向用户收费变得困难，自然就没有投资商愿意继续投资了。"印度的政治制度导致了政策中的庇护主义、民粹主义和短视效应。

印度政坛中活跃着许多犯了罪的政治家，这是印度令人诧异的政治文化。瓦什纳夫指出，大量的联邦议员、邦议员，甚至联邦部长、邦部长面临着刑事指控，涉及谋杀、选举欺诈、严重贪腐等重罪，且人数还在不断上升。选民支持那些承诺在印度这个变幻莫测的凶险社会中会保护自己的罪犯候选人；各政党希望从那些有非法竞选资金收入的候选人那里获益；罪犯候选人希望从政府高位中获利，部长职位就成了其终极奋斗目标。在这样的情况下，环境的可持续性显然不是政治家们的首要考虑因素——他们为了个人利益而参加竞选，他们的目标是权力寻租。

比起行政上的缺陷，印度制度能力不足的根源在于其政治经济问题，譬如政治操纵和腐败。英国殖民者留给了印度一个相对完善的行政结构，帝国殖民服务系统（Imperial Colonial Service）在印度独立后变成了印度行政服务系统（Indian Administrative Service，IAS）。因此，问题的核心不在于印度缺乏有能力的行政人员或正常运作的官僚结构，而在于腐败和对政府机构的政治操纵阻碍了政策的实施和执行。

印度国内的环保呼声还包括基层的生态运动。印度的民主宪法为地方生态运动提供了空间，民间活动家经常与森林砍伐、水电大坝建设和水污染等问题作斗争。印度的环保组织在宪法的保护下，拥有挑战国家机器和经济利益的法律权利。在印度，大量与"抱树运动"类似的民间生态运动相继展开，譬如反对建水坝和支持原住民人民权利的活动。在印度的民主制度下，法院发挥了重要的作用，使环境活动家能够揭发和控告政府和私营部门的违法行为。

然而，这些运动都是"各扫门前雪"的地方性环境政治活动，并不能为国家层面的环保活动贡献有计划性的方法。尽管民间活动家在反对水坝、矿山、森林砍伐和侵犯部落权利等领域的斗争中取得了成功，但他们无力对印度的管理制度进行彻底改革。虽然生态活动家已经赢得了不少对抗国家的防御战，但他们未能发起系统的攻势，迫使国家建立一个健全的环境保护体系或一套可执行的规则。拉詹在调查了印度在全球环境谈判的表现后指出："非政府组织对政策的影响一般非常有限……它们几乎不会对政策进行公开批判。"

中国和印度之间最根本的区别在于制度能力的巨大差距。与中国不同，印度根本不具备在全国范围内实施有效政策的制度能力。印度的各级政府，尤其是邦政府，都依赖于资源短缺且腐败成风的官僚机构。由于缺乏制度能力，印度面临着严重的执行困难。即使政府有心解决国家的环境问题，也很难取得实际进展。在这一点上，印度完美诠释了利维所说的"竞争体制"：印度有着自由公正且相对健全的选举制度和独立的司法机构，但普遍的腐败现象、政治操纵以及随之而来的一线执行能力的不足使官僚机构在当地无法开展可持续的改革。

印度的联邦结构进一步阻碍了改革的落地。在相关分析中，巴斯比和希多雷考察了印度缓解气候变化的努力在不同经济领域的表现。除了强调标准化的技术因素和市场结构，他们还指出，"在中央政府与地方政府分享规则制定权的领域，或主要由地方政府负责的领域，行政措施是零敲碎打的，这增加了减缓气候变化的集体行动成本。"电力部门就是一个典型的例子。鉴于印度对燃煤电厂的依赖，电力部门是温室气体的主要排放源。它由中央政府和邦政府共同管理，这就意味着政策改革很难实现——中央政府的改革政策可能因为邦政府的不配合而最终无法落实。

印度有限的环境支出也从侧面反映了印度环境政策执行力的不足。之前我们提到，2016 年中国环保部的预算已经高达 4 800 亿美元；与此同时，印度环境部的预算只有 3.51 亿美元。尽管部分差异可以归因于中国通过环保部向各省转移资金的战略和制度结构的差异，但印度作为一个拥有 13 亿人口的国家，国家环境部的支出还不到 5 亿美元，还是令人震惊。就算抛开之前讨论过的政治经济上的限制不谈，极低的预算也使得印度几乎无法制定、执行和实施统一的国家环境政策。

亚桑诺夫回顾了印度参加 1992 年地球峰会的过程，仔细研究了印度面临的环保机遇和挑战。她有许多有趣的发现，其中两点暴露了印度制度能力问题的本质。第一个发现是"印度的立法者不考虑可行性，经常在没有制度基础的情况下给政府布置任务。"她指出，印度的立法机构有深厚的历史渊源，可以追溯到英国殖民政府和尼赫鲁总理在印度独立后最初几年雄心勃勃的社会主义计划。中心化的立法机构制定的法规经常因为缺乏足够的实地制度能力而无法实施。第二，"印度的联邦结构和高度去中心化的行政决策框架为执行监管带来了额外的体制障碍。"哪怕联邦政府的制度能力得到明显提高，可能也无法给当地的环境带来显著改善，因为负责具体政策执行的是邦政府，而许多邦政府面临的问题甚至比联邦政府更严重。

由于制度能力严重不足，印度社会可谓是"寸步难行"。印度政府在电力供应、基础教育和全民医疗等方面做得很差，越来越多有经济实力的印度人不得不私下解决这些需求。印度的贫富差距巨大，缺乏广泛的税收基础，为数不多的中产阶级需要负担很大一部分的政府支出。对低质量的公共服务十分失望的富裕家庭可能会选择逃税，用税金来购买私人服务，而这些私人服务带来的负面外部效应可能会让情况更加混乱。

在环境问题上，用柴油发电机替代电网电力是一个典型的例子。印度电网的供电是间歇性的，经常停电和有电压波动，无奈之下许多企业和家庭只好购买柴油发电机以备不时之需。这些柴油发电机效率低下，严重污染空气，只流通于私人市场，政府也不清楚到底存在多少台这样的发电机，所以通过法规来管控它们是很困难的。柴油的非法倾销市场十分繁荣，监管燃料质量的法规形同虚设。这种转向私人服务的趋势会进一步削弱国家实力，因为经济实力较强的公民不再依赖公共服务后，可能会选择逃税。而要突破这个恶性循环，中央和各邦政府就必须制定一个集中的、协调的计划，这将是一个艰巨的任务。只有国民信任政府，大刀阔斧的改革才会有施展的空间；如果政府在政策执行上做得更好，国民自然会选择相信政府，而正如我们看到的，这个"先有鸡还是先有蛋"的问题已经禁锢了印度社会多年，带来了严重的政治和经济后果。

考虑以可再生能源取代燃煤发电的宏伟计划，印度的制度能力就更令人担忧了。就印度提升可再生能源发电份额的目标，通加（Tongia）评论道：

　　"印度的电网系统很脆弱，供电也很不稳定，没有合理的备用量（西方国家通常是 15%—20%），甚至还存在电力短缺的问题。官方说法是 5% 左右的短缺，但实际数值要高得多。电网也没有严格的规范手册，只是建议（没有强制规定）设定 5% 的备用量。电网是通过大规模的甩负荷（馈线的供电限制）来维持的……电网系统脆弱的技术原因还包括缺乏辅助服务（不仅仅为千瓦时定价，还要保障电网的稳定），甚至缺乏对电力批量采购的分时段定价。又因为激励措施有限，峰值负荷发电厂（一年中只有大约 5%—10% 的时间运行的发电厂）的数量严重不足。"

　　通加的技术性评论揭示了一个现实：印度想要解决"间歇性"可再生能源问题，就必须对电网进行大规模的改造和升级，但这是印度电力部门此前从未实现的壮举。

　　鉴于印度对气候变化做出的最重要承诺是大力拓展可再生能源的发电能力（到 2022 年达到 175 千兆瓦），印度管理电网的制度能力至关重要。虽然印度国家可再生能源实验室在 2017 年 6 月的一项研究中声称，印度的电网可以承受这一扩展方案，但这个结论是以有效的监管和风能、太阳能设备的最佳选址为前提的。在制度能力有限，且因为政治问题而无法制定和实施高效且可持续的政策的情况下，印度是否还能用可再生能源去完全取代煤炭，还有待观察。

　　印度的国家气候政策还不成熟。皮莱和杜巴什认为，印度气候制度以机会主义为特点，领导人会优先考虑"传统的发展目标,（有时）利用气候作为借口。"缺乏战略的机会主义气候制度被"堆放"在了本就杂乱的行政系统上，导致了气候政策制定上的不连贯，不同部门之间相互掣肘，无法制定长远的目标。

　　印度的制度问题在与中国的对比下显得尤为显著。在汞谈判中，哪怕美国和中国都支持制定积极的减排目标，印度仍试图从中作梗。在气候变化问题上，随着提升燃煤发电能力的压力逐渐减弱，印度的反对立场也开始慢慢转变，但另一方面，印度在提升可再生能源发电能力上仍是前途未卜。2017 年 6 月，改革印度全国学会（原印度计划委员会）预计，如果不采取具体措施使电力部门去碳化，到了 2040 年，印度的燃煤发电量将增加一倍以上。虽然印度的能源政策的确在向低碳的方向发展，燃煤发电量翻倍的可能性也不大，但制度能力的匮乏导致了印度能源在未来恐将发生巨大变数。面临这样的体制挑战，即使印度下定决心要努力成为下一代全球气候领袖，我们也无法确保印度政府能采取具体、有效的行动。同时，印度的经济发展仍存在不确定性，在莫迪 2014 年至 2019 年的第一个总理任期内，印度的经济状况一直不理想，2020 年的新冠疫情更是让印度的经济雪上加霜。如果印度经济在短期内无法增长，其温室气体排放量就不会出现显著增加；但反过来，如果经济不增长，印度人民就无法摆脱贫困。

　　总而言之，通过印度的环境和能源发展轨迹，我们能看到，在缺乏足够的制度能力的情况下，经济增长是如何影响环境的。

因此，印度的发展道路是对全球环境政治未来的启示。世界上大多数的新兴经济体并不像中国一样拥有强大的制度能力，它们的制度能力跟印度一样存在缺陷，甚至比印度更弱。在 2019 年的"全球治理指标"（WGI）中，印度治理效率的得分为 0.17，处于全球各国的中游（前 40%）。虽然该指标并不完美，但足以反映中国和印度的差距：中国的得分是 0.52，位于全球前 28%。

与印度相似的国家的经济发展给世界带来了新的挑战——与中国崛起时的挑战有所不同。由于缺乏制度能力，下一代新兴经济体在政策执行上将面临困难，这是一个足以影响全人类的坏消息：如果这些国家因为制度能力不足而无法进一步发展经济，那将很难消除贫困，后果是惨烈的；反之，如果这些国家在制度能力不足的情况下依旧设法发展了经济，那将对环境造成更大的破坏，进而对全球生态系统和脱贫工作造成严重影响。因此，在经济增长的同时迅速提高制度能力，在关键时刻有效地保护环境，才是唯一正确的发展道路。今天的印度并没有走在这条路上，这是笼罩在全球头上的阴影；如果印度踏上正轨，那将是改变人类未来发展方向极重要的一步。

中国和印度：关键的异同点

表 5.1 对比了中国和印度在全球环境政治中的表现。两国最重要的共同点是释放了经济增长的潜力。中国和印度都曾被僵化封闭的经济政策束缚了几十年。逐步取消了这些政策后，两国的

经济表现迅速得到改善。随着经济的增长，两国在全球环境政治中的重要性也愈发凸显。

表 5.1　全球环境政治中的中国和印度

	中国	印度
国内环境政策	中等； 日益增强	弱； 日益增强，但是速度慢且不连贯
全球环境谈判	愈发愿意合作，但经济增长和主权不可妥协	绝大多数情况下不愿意合作，除非是几乎零成本的合作
结构性权力	爆炸性增长（经济、人口）	快速增长（经济、人口）
环境偏好	中等； 日益增强	中等偏弱； 日益增强，但是速度慢且不连贯
制度能力	中等； 日益增强	中等偏弱

注：该表对中国和印度在全球环境政治中的发展轨迹进行了系统对比。

随着时间的推移，中国和印度两国的结构性权力都在增强。20世纪70年代末中国便开始了经济转型，转型比印度早了好几年，经济增长也更快、更稳定。到了改革四十年后，从任何角度看，中国的经济体量都是印度的好几倍。因此，尽管两国都被冠以新兴经济体的称号，但中国的经济发展却比印度快得多。虽然在中国，贫困仍存在，但与印度农村的贫困程度相比，还是小巫见大巫了。然而，中国经济的增速正在放缓，未来印度可能接棒中国成为经济增长的主力军。就算中国经济创造了奇迹，其发展轨迹仍无法避免"万有引力定律"，即当经济体量小时，经济更加容易快速增长。中国的工业体系已经成熟，开始像日本、韩国一样，向着创新经济的方向前进。另一方面，虽然中国的环境体系加速了工业化的进程，但当中国的经济增长前景越来越依赖人力资本、技术进步和创造力时，现有环境体系可能会带来一定的障碍。

在全球环境政治中，中国和印度两国的政府偏好也有相似之处。两国政府最初都是反对合作的，印度政府表现得高调些。但随着时间的推移，两国开始慢慢地（往往是不情不愿地）认识到无节制的经济开发所造成的环境代价。由于中国的现代化更为深入，对环境问题的担忧在中国也更为普遍。环境恶化在中国和印度都产生了极端的后果，但显然中国不论在经济还是制度上都比印度更有能力去处理环境问题。

两国最关键的区别在于制度能力。虽然中国和印度都处在高速发展中，但中国的经济增长在很大程度上要归功于国家政府的干预。在高水平的制度能力下，中国不仅迅速完成了工业化，还快刀斩乱麻地解决了工业化带来的负面影响，这是印度政府无法做到的。我回顾了两国的经济发展轨迹以及对相关环境问题的处理，发现中国在减轻经济增长带来的环境影响方面做得更多。对于印度来说，经济发展是有限的，所以环境的恶化也是有限的；而对于中国来说，在及时止损的果断政策下，"环境末日"才没有到来。这种制度能力上的差异意味着，印度想要打造一个低碳的社会，其难度远远大于中国。

根据上述对两国发展轨迹的异同点的总结，我们现在来分析和评估这两个巨头的发展轨迹。首先，中国的经济增速更快，这是两国存在差异的关键原因。中国之所以成了国际社会的焦点，主要原因是中国取得了举世瞩目的成就。中国庞大的重工业对全球环境的影响是巨大的，毕竟工业是许多环境问题的源头，尤其是气候变化问题。因此，几十年来，中国作为世界工厂一直被密切关注着。

如果印度的工业化进程早几年开始，一定会比现在消耗更多的煤炭和自然资源。虽然在全球范围内，印度的经济增速获得了广泛的认可，但其实这个南亚巨人的觉醒比中国晚了十年，增长速度不及中国，重工业发展程度也远远低于中国，而且印度的环境治理框架也还没有被搭建起来。幸运的是，由于印度的工业化启程较晚，它可以利用中国二十年前无法利用的清洁技术，尤其是生产低成本的太阳能和推广电动汽车的使用。这两项技术在2001年中国加入世贸组织时还尚未商用。

中国和印度两国的政府偏好正朝着相同的方向发展，这是意料之中的。

同时，两国的政治制度和历史也存在着重要差异。总体而言，中国在环境管理方面的表现在不断提高。历史是没有如果的，但不得不承认，在没有制度能力的情况下保持同样的经济增速，中国的环境问题会比现在糟糕得多。退一步说，如果没有这样的制度能力，中国根本不可能取得这样的经济发展，更不用说可持续的经济发展了。

在印度，政治体制和殖民历史共同塑造了其国内环境政治。

相关研究表明，西方政治体制国家在制定和实施环境政策上表现得更好，印度是个例外，因为印度的政策实施能力不足，国内又充斥了各式各样的政治挑战。环境问题并不是印度选举中的重点，纸上谈兵的政策也无法带来实际效果。印度的选举至今仍围绕着种姓、宗教、庇护主义和地方发展等问题展开，环境问题几乎无人问津。新德里等城市的空气污染已经严重到引起了印度当局的注意，但是印度社会对环境的关注要达到发达国家和中国的程度，仍有很长一段路要走。

尽管印度的政治制度为生态运动提供了机会和捷径，但生态运动只能解决一些非常具体的问题。法院等机构在一定程度上保护了地方生态活动家，赋予了他们对抗政府的权力，但他们并没有针对国家环境政策进行积极游说。可以说，印度的生态运动基本上是一种抵抗运动。与甘地的非暴力不合作运动相似，印度的生态运动在防止、阻止和推迟破坏生态的经济活动（建造水坝等基础设施或森林砍伐）上取得了瞩目的成就，但却无法搭建起一个有效的环境治理制度框架。

那么，印度的崛起会比中国的崛起带来的问题更多吗？一方面，中国之所以成了一个污染源，还是因为其经济发展太成功了——如果印度经济以同样的速度增长，将引发更多更复杂的问题，对环境造成更大的破坏。在高水平的制度能力下，中国可以制定相关政策来解决，甚至预防工业发展异常迅速所造成的环境问题。换句话说，虽然中国目前对全球环境的影响已经很大了，但作为世界工厂，其破坏力本可以更大。

另一方面，印度拥有后发优势。清洁技术的发展降低了技术的应用成本。印度普及了太阳能，并且在未来几年，电动汽车和蓄电池市场也大有可为。这些后发优势可能会中和其治理能力不足而造成的环境破坏。当清洁技术的成本够低，制度能力的障碍可能就没那么不可逾越了。

尽管如此，印度以及未来其他新兴经济体的制度能力的提高，对全球环境合作仍至关重要。如果未来大多数新兴经济体的国情更接近于印度，那么它们将比中国付出更加惨重的环境代价，且其政府解决环境问题的能力将远不如中国。在这样悲观的前景下，发展清洁技术是最后一线希望，从可再生能源发电到电动汽车的市场竞争力皆需要不断提升。中国在千年之交的崛起并没有赶上清洁技术的红利，如果印度能巧用清洁技术，就可以避免随制度能力不足而带来的一些损失。

在某种程度上，受益于其他政策领域（如基础设施）的积极溢出效应，必要的制度能力终将得到发展。像印度这样的国家，如果制度能力得不到提升，就不可能实现高速发展。经济增长的优先性意味着，无论多么复杂和困难，政府确实有动力去提升制度能力。如果印度和其他新兴经济体要达到中国的经济发展水平，他们就必须建立效率更高的政治机构来管理经济和社会。机构建成后，部门间的外溢效应会进一步促进国家走上可持续发展的道路。

通过中国和印度的对比，我们看到了全球环境政治下未来国家的两种发展轨迹。两者都面临着巨大的挑战，但中国的前进道路更加充满希望。尽管中国的制度能力和环境偏好仍存在局限性，但中国的发展方向是积极的。无论是太阳能电池板、电动汽车还是高速铁路，中国在清洁技术上已经取得举世瞩目的成就，这无疑将反哺其环境政策。

另一方面，在薄弱的制度能力和环境偏好下，印度离可持续发展的目标还有很长一段距离。印度最大的希望是继续利用清洁技术，毕竟它在可再生能源发电和能源效率方面已经有所建树。我们希望印度较晚的崛起能乘上清洁技术的东风，最终走上可持续发展的道路。

在下一章中我们将看到，下一批新兴经济体走上了印度的老路。

第六章

其他新兴经济体的崛起之路

本章将探讨下一批新兴经济体的崛起对全球环境政治的影响。我概述了九个新兴经济体的环境问题及相关政策，大致追踪了新兴经济体在全球环境政治中地位的变化，并评估了其重要性。以我的模型为基础，对这九个国家的评估如表 6.1 所示。

表 6.1　全球环境政治中的九个国家

	全球环境政治中的破坏力及相关领域		环境偏好	制度能力
	二十世纪	二十一世纪		
印度尼西亚	主要国家：自然资源	主要国家：新型经济	弱	弱
尼日利亚	主要国家：自然资源	主要国家：新型经济	弱	弱
越南	基本不强	主要国家：新型经济	弱	中等
菲律宾	基本不强	主要国家：新型经济	弱	弱
巴西	主要国家：自然资源	主要国家：新型经济	中等	中等
孟加拉国	基本不强	未来主要国家：新型经济	弱	弱
缅甸	基本不强（即使拥有自然资源）	未来主要国家：新型经济	弱	非常弱
埃塞俄比亚	基本不强	未来主要国家：新型经济	中等	弱，进步中
坦桑尼亚	基本不强	未来主要国家：新型经济	弱	弱，进步中

我选择了四个国家作为分析对象：越南、菲律宾、印度尼西亚和尼日利亚。这四个国家人口庞大，一旦经济开始增长，将

对环境具备很大的破坏力。鉴于南亚和东南亚是世界上经济最活跃的地区，短期内的发展潜力最大，这四国中有三个是南亚或东南亚国家。此外，非洲撒哈拉以南地区也展现出了经济苏醒的信号，它将成为经济增长最后的前沿阵地。在四国中，印度尼西亚和尼日利亚拥有富饶的自然资源，菲律宾和越南的自然资源则不太丰富。按人均计算，四国在富裕程度上都不输给印度，符合新兴经济体的标准。

通过这四个国家的案例，我们看到一个国家的经济增长与它在全球环境政治中扮演的角色之间存在着明确的正相关关系。在印度尼西亚和尼日利亚，非法砍伐森林和钻探石油严重破坏了社会环境，两国甚至还打着石油输出国组织（OPEC）的旗号，阻挠国际环境合作的开展，这样的行为受到了国际社会的批评。但鉴于其异常丰富的自然资源，它们在全球环境政治中的角色仍然十分重要。这两个国家所具备的条件，是可以让发展中国家不论其经济发展如何，从一开始就在全球环境政治中发挥重要作用的条件。

相比之下，直到二十世纪末，因为缺乏具有世界意义的自然资源，越南和菲律宾在全球环境政治中仍是无名小卒，但从那时起，四国都已开始在经济上崭露头角，这正是本书的论述得以展开的基础。经济增长给国内和国际的自然环境都带来了巨大的压力，在全球环境政治中，各国政府也因手握更多的谈判筹码而变得任性。新兴经济体在不作为的情况下带来的环境后果越是严重，它在谈判中的地位就越举足轻重。

我之所以将巴西和其他八国放在一起讨论，理由是巴西因其雨林资源在全球环境政治中扮演着异常重要的角色。尽管巴西的经济在二十世纪已经有所增长，但通过它的案例，我们可以很清晰地看到关于自然资源的国际合作面临着怎样的挑战：当森林资源处在一个国家的主权管理之下，要对它进行持续的保护是一项十分艰难的任务。

接下来，我将目光转向另外四个国家：孟加拉国、缅甸、埃塞俄比亚和坦桑尼亚。这些国家都来自南亚、东南亚或撒哈拉以南地区。它们不如印度富裕，但它们近期的经济表现预示着在未来，其能源和资源消耗可能会增加。在最近一段时间里，孟加拉国、埃塞俄比亚和坦桑尼亚都保持着较高的经济增长率。虽然这三个国家的自然资源并不丰富，但庞大的人口和不断发展的经济预示着它们在未来的全球环境政治中将扮演关键角色。而缅甸是一个特别的例子，不久之前，它还是一个饱受几十年内战之苦的封闭经济体。

虽然孟加拉国、缅甸、埃塞俄比亚和坦桑尼亚四国在发展程度上明显落后于越南、菲律宾、印度尼西亚和尼日利亚，但它们彰显了经济发展的潜力。随着环境破坏力的增强，它们将面临与能源、资源和环境相关的治理难题，这是前所未有的，而它们在全球环境政治中的角色和地位也会发生相应的变化。

重要的是，从这九个国家过去和现在处理环境问题的经验来看，它们的表现时好时坏、参差不齐，都存在着制度能力不足的问题。埃塞俄比亚和坦桑尼亚的制度能力有增长的迹象，越南在过去几十年中也取得了重大的进步，但孟加拉国似乎停滞不前，缅甸甚至出现了倒退的迹象。由此，缅甸成了环境的一个"定时炸弹"——如果缅甸继续保持经济的快速增长，其制度能力的不足可能会导致极为严重的环境后果。

另外，缅甸和埃塞俄比亚的国内政局岌岌可危。缅甸在2021年年初的军事政变可能会阻碍其经济的增长。同样，埃塞俄比亚提格雷地区的内战如果无法平息，其二十一世纪初朝气蓬勃的经济迹象可能会被扼杀。这些案例强调了经济发展的道路充斥着困难和不确定性，提醒人们不要过早庆祝全球贫困的结束。

成长的巨人

我首先研究了印度尼西亚、尼日利亚、越南、菲律宾和巴西在全球环境政治中的发展轨迹。我描述了各国的自然资源、人口规模和突出的社会特征。紧接着我考察了它们过去和现在在国家和国际层面上的环境政策。最后，基于基本原理、历史和最近的发展情况，我预测了它们在未来的发展轨迹。下一节中，我将进行各国间的分析比较和整体评估。

表 6.2 对五国的一系列关键指标进行了比较，勾勒出一些基本情况。前四个指标在表 3.2 中出现过。这五个新兴经济体都是人口大国，人均 GDP 相对较高，能源消耗量较大，产生的温室气体排放总量超过 20 亿吨（二氧化碳当量）。

表6.2　五个国家的特征（2014 年）

	印度尼西亚	尼日利亚	越南	菲律宾	巴西
人口	255	176	92	101	203
人均能源消耗	884	764	660	474	1 496
人均 GDP	3 693	2 550	1 579	2 613	11 951
温室气体排放总量（2010 年）	745	292	279	160	1331
自然资源红利	4.8	10.7	7.2	2.9	3.3
森林覆盖率	52.3	24.8	45.0	23.4	60.5

注：人口以百万为单位；人均能源消耗以千克油当量为单位；人均 GDP 以千美元为单位，2010 年物价基准；温室气体排放总量以百万吨二氧化碳当量（2010 年）为单位；自然资源红利是占 GDP 的百分比；森林覆盖率是占国土总面积的百分比。

资料来源：世界发展指标。巴西的温室气体排放数据根据气候行动追踪组织（CAT）2020 年的数据进行了修正。

　　由此我们可以看到，这五个国家在塑造全球环境和全球环境政治方面都具有巨大的潜力，但原因却非常不同。我将从印度尼西亚和尼日利亚，这两个拥有大量自然资源的新兴经济体开始，分析这五个相似又不同的新兴经济体。首先，我将阐释经济的增长如何使印度尼西亚和尼日利亚在全球环境政治中的角色发生转变。

自然资源和经济增长：印度尼西亚和尼日利亚

　　在这五个经济体中，印度尼西亚和尼日利亚在全球环境政治中受到关注已经有一段时间了，但这并非出于经济原因，而是得益于其富饶的自然资源。两国都是石油和天然气的主要生产国，印度尼西亚还拥有一些世界上规模极大、生物种类极多的森林。两国都因为环境问题受到了国际社会的关注和批判：尼日利亚在尼日尔河三角洲的石油勘探和开采破坏了环境；几十年来印度尼西亚一直在砍伐雨林。而今天，随着这两个新兴经济体作为生产者和消费者的经济地位的提高，它们在全球环境谈判中将扮演更加关键的角色。

尼日利亚是非洲人口最多的国家，人口数量约 2 亿。与撒哈拉以南的其他国家相比，尼日利亚也相对富裕，2014 年的人均GDP 为 2 550 美元。虽然这些收入大部分来自石油出口，但其工业化程度也确实高于大多数撒哈拉以南国家。2015 年，尼日利亚 20% 的 GDP 来自工业，59% 来自服务业。

尽管尼日利亚的经济正朝着多样化的方向发展，但石油生产仍是该国国家经济的命脉。1956 年，壳牌公司和英国石油公司在尼日尔河三角洲的奥洛伊比里发现了大量的石油，1958 年开始投入商业生产。2015 年，尼日利亚已探明的石油储量为 370 亿桶，日均产量为 175 万桶。该国于 1971 年加入石油输出国组织的石油出口国俱乐部，尽管国内出现了巨大的政治动荡，但从未退出该组织。

至今，尼日利亚的经济依旧依赖石油出口。1965 年至 1979 年，其石油产量上升到日均 230.6 万桶，领先利比亚的 213.9 万桶。2005 年，尼日利亚的石油产量达到顶峰，日均 252.7 万桶，到了 2014 年回落到日均 238.9 万桶。2014 年，尼日利亚的燃料出口量（其实就是石油出口量）占所有商品出口量的 91%，自 1974 年以来，这一数据每年都保持在 90% 以上。

尼日利亚的政治动荡由来已久，自 1960 年独立以来，多次摇摆于专制和民主之间。独立后的尼日利亚本实行着自由民主制度，但 1966 年"少壮派"发动了军事政变，再度拉开了独裁统治的序幕。之后，除了 1979 年民主选举后的短短一段时间，尼日利亚一直处于军事统治之下。1983 年年底，尼日利亚第二共和国再次在军事政变中被推翻。1999 年 5 月，尼日利亚才再次举行了民主选举："1998 年 6 月，尼日利亚残暴的独裁者萨尼·阿巴查（Sani Abacha）去世，次年奥卢塞贡·奥巴桑乔（Olusegun Obasanjo）当选，建立了脆弱且不健全的民主制度。"从那时起，尼日利亚便一直维持着民主制度，尽管民主之路风雨飘摇，但并未倒退回专制制度。

由于尼日尔河三角洲盛产石油，几十年前在其经济还主要依赖石油的时候，尼日利亚就已经成为全球环境政治的焦点。自 1958 年开始产油以来，争夺"黑金"所造成的生态破坏、人权侵犯和国内冲突便一直是国际环境事务中的突出问题。尼日利亚的领导人和国际石油巨头，特别是壳牌公司，在尼日尔河三角洲地区的行为受到了国际社会的严厉批判。凯福德说："全国各地都发现了油田，但尼日尔河三角洲地区的石油产量约占尼日利亚石油总量的 90%……这对当地环境的影响是巨大的。"直接影响包括石油泄漏和燃烧造成的空气污染；间接影响包括暴力行为和居住地的丧失。在几十年的军事独裁统治期间，尼日尔河三角洲的原住民为尼日利亚的石油财富付出了沉重的代价。

　　奥贡尼兰事件是一个典型的例子。奥贡尼人是生活在尼日尔河三角洲的原住民，1958 年以来，由于三角洲地区石油生产带来的环境破坏，他们过得苦不堪言。1990 年，作家肯·萨罗－维瓦（Ken Saro-Wiwa）组织了名为"奥贡尼人民的生存运动"（Movement for the Survival of Ogoni People）的抗议运动。经过三年的努力，壳牌公司于 1993 年 5 月决定从奥贡尼兰撤出。然而，随着采油设备的腐坏，新的环境问题接踵而至，奥贡尼人和尼日利亚政府之间的冲突并没有消失。1995 年 11 月，萨罗维瓦和其他八名运动领导人被处决，罪名是谋杀奥贡尼的几名酋长。1996 年，萨罗维瓦的家人起诉壳牌公司侵犯人权，2009 年，该案以 1 550 万美元的赔偿金庭外和解。

　　抛开尼日尔河三角洲的石油问题，之前尼日利亚在全球环境政治中的存在感并不强。除了支持或默许沙特阿拉伯和石油输出国组织（尼日利亚于 1971 年加入）破坏气候制度的各种行为，尼日利亚在全球环境谈判中完全处于被动地位。从《蒙特利尔议定书》到《京都议定书》再到《斯德哥尔摩公约》，尼日利亚批准了所有主流的多边条约，但从未在谈判中发挥过决定性作用，在实施中也没有展现出领导力。在研究国际气候谈判中的非洲强国时，迈克尔·尼尔森（Michael Nelson）指出，"迄今为止，尼日利亚还未发挥过任何领导作用，这是令人始料未及的。"从人口和经济规模上来看，尼日利亚本应是非洲气候联盟的领导者，但实际上，它在全球环境谈判中并未承担应有的责任。

然而，尼日利亚在全球环境政治中必将扮演更加重要的角色。尼日利亚一直面临着政治和经济上的动荡，但人口和经济依旧呈现出上升趋势。1990年至2010年，其温室气体排放量从1.63亿吨增加到2.92亿吨二氧化碳当量，上升了89%。随着人口和经济的快速增长，污染情况也将不断恶化。尽管尼日利亚的经济仍依赖石油出口，但有迹象表明，其经济形态正朝着多样化的方向发展。2015年，其服务业已经增长到经济总量的58.8%，远远超过了石油业的9.8%。随着电信等现代经济领域的蓬勃发展，与石油业无关的就业机会也在增加。

在脆弱的政治体制和对化石燃料出口的依赖下，尼日利亚的崛起存在着许多不确定性。不过，半个世纪以来，尼日利亚在危机中几度沉浮，却变得越来越富裕了。尼日利亚不平衡的发展轨迹的确令人担忧，但遇到困难又总能蒙混过关，所以尼日利亚拥有巨大的经济潜力。

非洲在全球环境政治中一直扮演着次要的角色，而尼日利亚的崛起有望改变这一切。尼日利亚人口众多，经济持续增长，拥有化石燃料资源，并在撒哈拉以南处于领先地位，有望成为未来全球环境政治中非洲的风向标。正如拉德莱特所说，对于尼日利亚和西非人民来说，未来许多事情都取决于尼日利亚。如果尼日利亚能够巩固政治制度，挖掘经济潜力，其庞大的规模不仅能够提升非洲的结构性力量，而且可能会对其他经济体产生积极的外溢效应。鉴于其经济规模和作为非洲商品和服务出口市场的潜力，尼日利亚还将催化其他非洲经济体的发展。

有迹象表明，尼日利亚正越来越关注全球环境治理的情况。它是首批批准《巴黎协定》的 50 个国家之一。宣布尼日利亚批准《巴黎协定》的时任环境部长阿米纳·穆罕默德（Amina Mohammed）称，尼日利亚的国家自主贡献方案（INDC）是非洲最雄心勃勃和全面的。该方案明确提出了 20% 的减排目标，并承诺在国际援助充足的情况下将目标提高至 45%。尼日利亚有着一个宏伟的计划，即到 2030 年将问题重重的电力部门去碳化，该计划将占总减排量的一半以上。

对尼日利亚来说，制度能力的匮乏将是一个重大挑战。图 3.1 显示，2019 年尼日利亚的政府效率得分在九个新兴经济体排名中倒数第二，仅次于缅甸，更小更穷的埃塞俄比亚和坦桑尼亚的得分都比它高得多。其环境政策情况也同样惨淡。尽管民主化后，尼日利亚搭建了环境政策的框架，但进展缓慢，发展不均，立法和执法间也存在着很大的差距。世界银行在 2006 年对尼日利亚环境政策的分析中指出：“差距和缺点仍广泛存在，其需要一个以优先事项为重点的战略，且政策在当地没有得到有效实施。针对贫困、增长和环境可持续性三者联系的教育和认知水平不高，这导致了对资源可持续管理的政治支持和兴趣十分有限。”

能力的不足，加上脆弱的民主政体带来的政治风险，使人们对尼日利亚在未来实现经济可持续发展的能力感到担忧。尽管尼日利亚经济呈现的多样化趋势是令人欣慰的，对石油出口的依赖也有所减少，但制度能力的不足意味着不断增长的财富可能会产生巨大的负面溢出效应。随着新兴中产阶级拥有了汽车、空调和更大的房子，如果没有有效的环境政策，尼日利亚的自然资源将受到威胁。

如果说尼日利亚是西非的巨人，那么印度尼西亚就是东南亚的巨人。作为群岛国家，印度尼西亚拥有世界第四大人口，2010年的人口数量为2.37亿，且仍在快速增长中。印度尼西亚是个相对富裕的国家，2014年人均GDP达到了3 693美元。作为二十国集团成员方，它是高度工业化的国家，2015年其工业和服务业各占GDP的43%。

印度尼西亚拥有十分富饶的自然资源。它拥有大量的石油，当然石油储备对一个国家来说究竟是福是祸，每个人都有不同的见解。从1962年到2008年，印度尼西亚是石油输出国组织的成员，在二十世纪下半叶是主要石油出口国之一，但之后产量的下降和国内需求的增加使其成了石油进口国。其石油日产量在1977年达到了峰值，接近170万桶；自1995年起持续下降，到了2013年，日产量只剩下了82.6万桶，约为峰值的一半。虽然印度尼西亚已经从一个主要的产油国变成了一个石油进口国，但它还拥有丰富的天然气和煤炭资源。2002年，印度尼西亚年产天然气的能量值首次超过了石油，到了2012年，其天然气的日产量约为150万桶石油当量，几乎是石油日产量的两倍。

随着21世纪初中国等国的煤炭需求增长，印度尼西亚成为一个主要的煤炭生产国，年产量从1990年的1 100万吨上升到2014年的4.58亿吨，成为继中国、美国、印度和澳大利亚之后的第五大产煤国。虽然目前国内对煤炭的需求仍远低于供

应量，但 2016 年 11 月，印度尼西亚能源部煤炭司司长维博沃
（Wibowo）预测了国内需求的快速增长，尤其是发电需求，这将
引发二氧化碳排放量的急速上升和空气污染的加重。好消息是，
最近印度尼西亚已经开始探索减少煤炭使用的方法，要求国际社
会提供过渡资金的支持。

印度尼西亚最重要的环境问题是森林砍伐。印度尼西亚拥有
地球上极大和极多样化的雨林之一，然而，几十年来，由于非法
砍伐和棕榈种植，雨林面积已经大大减少。1990 年，印度尼西
亚的森林覆盖率高达 65%，到了 2010 年，这一比例下降到 52%。
虽然自 2000 年以来，每年的下降幅度有所减少，但下降趋势仍
然明显，富饶的森林资源正在迅速消失。毁林的近因包括油棕榈
和木材种植需求、森林草场化、小规模农业和种植园的建立以及
采运道路的修建。印度尼西亚尝试了一系列方法来阻止毁林，包
括禁止林火和林地清理、恢复泥炭地、原始森林保护等，但结
果好坏参半，印度尼西亚高度分散的政治体系很难去有效地执
行政策。

从 1945 年独立到 1998 年突然间的民主化，印度尼西亚一直
处在苏加诺和苏哈托将军的铁腕统治下。苏哈托将军于 1967 年
上台，直到 20 世纪九十年代末亚洲金融危机爆发，他的政治地
位一直稳固。1997 年印度尼西亚爆发了严重的经济危机，有影
响力的领导人将国家的困境归咎于苏哈托，1998 年 5 月，苏哈
托被迫辞职。民主化之后，印度尼西亚进行了大范围的权力下
放，导致今天的政治制度在很大程度上依赖于各省自治。总体而

言，印度尼西亚的民主体制是健全的，选举也是自由和公平的。

过去，在全球环境政治中，印度尼西亚主要因为森林砍伐问题而受到国际社会的关注，其次是因为石油和天然气。在早期对印度尼西亚森林砍伐的政治原因的分析中，道弗涅指出"环保主义者强调了破坏性伐木和大型发展项目的影响，以及鼓励和资助这些行为的外资公司和国际组织的作用。援助机构、跨国公司、国际金融业和第三世界的精英们，在国际市场中不停逐利，从而导致了毁林现象。"道弗涅还考虑了其他原因，这里不做赘述。重要的是，冷战结束后，国际环境界已经意识到了印度尼西亚的环境问题。

在全球环境政治中，除了上述领域之外，印度尼西亚一直扮演着不起眼的小角色。据我所知，印度尼西亚没有在第二、三章提及的环境条约谈判中发挥显著作用，但它迅速批准了这些条约，从 1987 年的《蒙特利尔议定书》开始，到近期的《斯德哥尔摩公约》《名古屋公约》和《水俣公约》，印度尼西亚政府都签了字。

现在的印度尼西亚正处在经济转型阶段，成了公认的主要新兴经济体之一。它已经从工业型经济转向服务型经济，2015 年，农业占比下降到 13.5%，服务业上升到 43.3%。尽管石油资源枯竭，但自亚洲金融危机以来，印度尼西亚每年都保持着 2% 以上的人均 GDP 增长率。时至今日，它已成为东南亚的头部经济体，工业和服务业都有很大的发展潜力。

印度尼西亚在全球环境政治中，尤其是气候变化政治中的地位也在变化。阿克塞尔·迈可洛瓦（Axel Michaelowa）和卡特琳娜·迈可洛瓦（Katharina Michaelowa）指出："二十一世纪初，尤多约诺政府制定了国家级和省级气候缓解计划……印度尼西亚的国家自主贡献方案（INDC）提出了到 2030 年 29% 的减排目标；如果有国际融资，目标将扩大至 41%。"根据印度尼西亚民间的说法，"作为一个对经济前景非常乐观的发展中国家，印度尼西亚大胆的减排目标获得了国际社会的赞赏，这成为 2009 年停滞不前的气候谈判中扭转局面的因素。"这样一来，印度尼西亚在全球环境政治中将扮演一个与过往截然不同的角色。正如印度尼西亚的国家自主贡献方案所示，印度尼西亚认识到了气候变化问题的严重性，并制定了 15 年后的长期减排目标。

如果经济继续蓬勃发展，印度尼西亚在东南亚气候政治中的作用将日益显著——不仅仅是作为一个拥有雨林和能源的国家，而是作为消费大量能源和自然资源的经济强国。作为东南亚第一经济体，印度尼西亚的破坏力将更多地反映在能源和自然资源的使用，而不是能源生产上。

尽管印度尼西亚打破了亚洲金融危机后一些悲观的预期，经济显著增长，民主政体得到了巩固，但其制度能力依旧存在很大的问题。印度尼西亚政府的工作效率在整体上还算理想，但 1996 年至 2010 年，在监管和反腐上表现不佳。印度尼西亚的大规模森林砍伐问题也主要是因为政府无法在一个高度分散的行政系统中对这样的违法行为进行控制，阻碍了严格执法所致。

总的来说，印度尼西亚的发展轨迹与尼日利亚大体相似。印度尼西亚的经济发展不像尼日利亚那样动荡不安，民主化进程较晚，并从经济转型中尝到了甜头。由此，印度尼西亚不再仅仅是一个拥有雨林和石油的国家，而成了一个具有环境破坏力、不断成长的大规模经济体。比起尼日利亚，印度尼西亚的制度能力略胜一筹，面临的政治和经济风险也更小，但即使面临巨大的国际压力，政府还是对于森林砍伐问题一筹莫展，这反映了政府没有足够的能力贯彻环境政策。

尼日利亚和印度尼西亚的案例展示了资源依赖型国家经济增长和经济多样化的成果。这些国家经济的命运一直是由自然资源决定的。尼日利亚经常被视为"资源诅咒"的例子，而印度尼西亚则以一种更有成效和可持续的方式对资源财富进行了管理。这两个国家都在经济多样化、中产阶级兴起、工业化和服务业繁荣等方面取得了进展，都有经济转型的潜力。由此，它们对全球环境政治的影响已不再局限于自然资源，其破坏力将因为对能源和资源的大量消耗而显著提升。

明日之星：越南和菲律宾

在全球环境政治中，越南和菲律宾向来十分低调，之前从未活跃于任何主要的环境谈判中，但最近随着环境保护压力的上升，两国也变得更加积极了。由于自然资源不如尼日利亚和印度尼西亚丰富，它们在全球环境政治中的发展过程更加线性和直截了当：直到现在，它们才凭借国力的提升跻身主要参与方之列。

1975 年 4 月，越南战争结束。长达十余年的残酷战争将整个国家摧残殆尽。1984 年，越南的人均 GDP 只有 389 美元（2010年物价），是世界上最贫穷的国家之一。1986 年，为了解决二十世纪八十年代初严重的经济危机，社会主义政府开始了大刀阔斧的改革。越南经济随之迅速增长：1990 年至 2015 年，人均 GDP每年至少增长 3%；改革开始十年后，也就是 1995 年，创下了7.8% 的年增长纪录。

越南不是一个拥有大量自然资源的国家，虽然有石油、天然气和煤炭储备，但却不是化石燃料的主要出产国。越南主要出口海产品、咖啡和大米，也出口一些矿物和木制品，但规模还是无法与印度尼西亚和尼日利亚等国家相比。

比起自然资源，越南经济的迅猛增长主要归功于工业化的迅猛发展。1985 年，越南的工业增加值仅为 58 亿美元（2010 年基准），但到了 2015 年，已经攀升到了 528 亿美元，翻了近 10倍。越南主要出口纺织品、电子产品、机械和木制品。1990 年至 2010 年，其工业增加值的 GDP 占比从 22.7% 增长到 32.1%；其中，在全球经济繁荣的 2006 年达到了峰值，高达 38.6%。服务业基本保持稳定，1990 年为 38.6%，2010 年为 36.9%。

越南 20 世纪 80 年代中期实行了市场化改革。自 1975 年统一以来，越南的"政体民主度"（Polity IV）得分一直是 −7 分，这表明越南一直处在一个稳固的统治下。对越南当局来说，首要威胁应该是经济危机。最近的一项对民主的"非过度"评估中提道：

"可以预见的是，如果经济危机爆发，民众将无法获取实际利益。如此一来，工人和农民会发现，除了他们身上的枷锁，他们没有什么可失去的了。但除非政治改革是无望的，否则绝大多数人是不愿意奋起反抗的……在越南，很难想象在外部因素的刺激下进行改革。"

当越南还是一个非常贫穷的国家时，其经济活动的规模不足以引发严重的环境问题，但有限的环境问题基本都是由管理不当引起的。贝雷斯福德和弗雷泽在她们对越南环境政策的概述中指出：

"越南经济体制的内在缺陷之一是资源的大量浪费和对技术变革的打压，这两种情况都将给环境带来重大影响。这种经济形态的主要特点是过分追求产值的增长，这样的行为是环境恶化的元凶。"

尽管越南的经济规模限制了环境破坏的程度，但由于其经济规划十分低效，同等规模的经济活动造成的环境破坏是极大的。

在越南的环境政策下，针对私人经济活动的条例和规范大多派不上用场。环境管理被直接纳入国家经济规划中，但中央政府对此并不重视。二十世纪八十年代，越南走上了经济现代化之路，环境政策也随之转变。经济改革提高了生产效率，同时，政府还颁布了一系列政策来保护环境。政府不再直接掌控所有的经济活动，必须通过政策和法规对国营和私营企业进行管理。

冷战结束前，越南基本置身于全球环境政治之外。1972年斯德哥尔摩峰会召开时，越南甚至还不是一个统一的国家。1992年的里约热内卢峰会前，越南还未真正参加任何国际环境条约；里约热内卢峰会后，越南开始行动，迅速批准了一些主要条约，譬如《蒙特利尔议定书》和1994年的《联合国气候变化框架公约》。

未来，人口众多、工业化迅速、经济前景广阔的越南必将在全球环境政治中发挥越来越重要的作用。如果越南的工业化继续不断深化，人民生活水平持续提高，那么未来几年，它对能源和资源的需求也必然会迅速膨胀。

从越南国内的环境政策和对国际议程的参与中，已经可以看到变革的迹象。越南的国家自主贡献方案（INDC）确立了在没有国际支持的情况下，到2030年减排8%，而在有国际支持的情况下，减排25%的目标。越南政府预测，在现有政策下，其温室气体排放量将从2010年的2.468亿吨增加到2030年的7.874亿吨二氧化碳当量。这一增长主要源于越南的能源规划对煤炭的依赖。2011年至2020年越南国家电力发展规划强调了煤炭的作用，越南电力垄断部门预计将在2017年1月已有的20个燃煤发电厂的基础上，再新建31个燃煤发电厂。另一边，2020年7月，越南能源总局宣布，未来十年的能源重点将从煤炭转向可再生能源和天然气，这表明了越南政府能源政策的重心将发生转移。

与大多数新兴经济体相比，越南的制度能力还算理想。它的一些执政指标，譬如政府效率和腐败程度，处于全球中等水平。

虽然腐败问题日趋严重，但政府的总体效率在不断提升。在中心化的政体下，越南的环境政策能力也明显增强，其模式与中国类似。到目前为止，越南的政治体制都十分稳固。

　　总而言之，越南很像十年前的中国，经济不断发展，制度能力也有所改善。政府更积极地实施国内和国际环境政策，但这种积极是否能够保持下去，还有待观察。

　　下面我们来看菲律宾。菲律宾曾经拥有大片原始森林，但在几十年前就已经被砍伐殆尽。菲律宾政府估计，在1900年到1988年，其全国的森林覆盖面积从2 100万公顷减少到650万公顷。到1970年，菲律宾已经失去了1 000多万公顷的森林，因此在森林砍伐问题被提上全球环境议程上之前，菲律宾禁止毁林的战役还未打响就已经失败。菲律宾的采矿业十分发达，主要出产金、镍、铜和铬矿，并拥有大量可用于发电的地热，但化石燃料的储备不多。

　　1946年以前，菲律宾处在美国的统治下；1946年到1972年，菲律宾处在"美式民主试行阶段"；1972年到1986年，马科斯总统实行了军事独裁统治；1986年，菲律宾实现了民主化，总统制的民主体制维持至今。截止到2016年年底，菲律宾第五共和国已经经历了六次政权更迭。

　　在环境政策早期，菲律宾继承了殖民时期的一系列政策。1977年，总统颁布了针对"菲律宾环境政策"的法律，首次为国家层面的环境治理建立了政策框架。马加洛那和马拉杨指出："这些立法上的进展是在1972年斯德哥尔摩联合国人类环境会议之后发生的。事实证明，斯德哥尔摩会议确保了综合性环保措施的制定，促成了更加统一的国家行为。"

在国际合作中，菲律宾大多扮演被动的角色，从未在任何环境谈判中发挥过特别突出的作用。虽然 1972 年斯德哥尔摩峰会后，甚至更早的时候，国际社会就开始关注菲律宾的环境问题，但菲律宾在相关谈判中表现得并不积极，一直是七十七国集团中比较被动的成员。

但未来，菲律宾势必会扮演一个更加重要的角色。随着人口的高速增长和经济的不断扩张，菲律宾对环境的利用和影响势必会增加。菲律宾已经完成了工业化，服务业的 GDP 占比已经从 1990 年的 43.6% 上升到 2015 年的 59.0%。1990 年到 2015 年，其人均 GDP（2010 年物价）从 1 526 美元增加到 2 640 美元，进入二十一世纪后的增长尤为迅猛。

菲律宾的国家自主贡献方案（INDC）中提到，在政策不变的情况下，到 2030 年，其温室气体排放量将是 1990 年的三倍以上，2010 年的两倍以上。尽管该方案承诺，如果有国际援助，其排放量将比预期值减少 70%，但方案中并没有透露在政策不变的情况下的预期排放值。为了满足国内不断增长的电力需求，菲律宾政府在早期也十分强调燃煤发电的必要性，但 2020 年 10 月，菲律宾能源部宣布不再新建燃煤电厂，这可能是菲律宾将降低煤炭发电的比重的政策信号。

此外，菲律宾国内针对气候政策的讨论依旧混乱。罗德里戈·杜特尔特总统原先因直言不讳地反对制定气候政策而闻名，但 2016 年 7 月，他的立场开始软化："应对气候变化应是一个首要任务，但要在不妨碍工业化的前提下，以公平和公正的方式进行。"由此，杜特尔特的立场与南方国家的整体立场达成了一致——气候政策是重要的，每个国家都应该做出贡献，但前提是不影响经济增长和扶贫。

菲律宾制度能力的表现是比较矛盾的。一方面，政府整体效率较高，在九个新兴经济体中一直都是最高的，得分从 1996 年的 –0.18 上升到了 2019 年的 –0.05。另一方面，腐败问题不断恶化，监管质量也越来越差。

菲律宾针对具体问题的环境政策在不断完善，立法和执法也取得了持续进展。几十年间，在国内环境政策方面，菲律宾政府展现出了较为积极的态度和高水平的能力。二十世纪七十年代初，菲律宾已经建立了一个相对高效的环境政策体系。政府也愿意为了保护环境而牺牲一些重大的经济利益。例如，2017 年 2 月，政府以环境恶化、人权和公共健康为由，下令关闭了 23 个镍矿场。这些矿场的产量高达菲律宾镍产量的一半，世界镍产量的十分之一。

总的来说，除了民主体制外，菲律宾的发展情况与越南类似。该国人口众多，经济有望在中短期内得到发展。这会使菲律宾一改过去的低调作风，成为全球环境政治中一个越来越重要的角色，但菲律宾政府愿意为日益突显的污染问题付出多少努力，还有待观察。

尽管越南和菲律宾处在不同的经济发展水平，但它们面临着类似的挑战：为不断扩大化的经济提供足够的能源和自然资源，继续提高人民生活水平和发展前景。未来，两国必将在全球环境政治中发挥更重要的作用。

亚马孙的主权国：巴西

在全球环境政治中，因为拥有绝大部分的亚马孙雨林，巴西一直扮演着一个独特的角色。在全球环境谈判中，巴西向来倡导尊重国家主权和各国的经济发展诉求。尽管巴西经济发展水平较高，制度能力较为完善（尽管有时会受到政治上的影响），但政治上的动荡使其在全球环境合作中充满了不确定性。

与其他新兴经济体不同，巴西很早就达到了中等收入水平。1960 年，巴西的人均 GDP 就达到了 3 417 美元，比 2010 年的印度尼西亚还要高。1980 年其人均 GDP 为 8 349 美元，之后经过了二十年的停滞，在 2007 年超过了 20 000 美元。虽然巴西的经济十分依赖自然资源，但也完成了工业化，并以服务业为导向。1960 年，巴西的农业、林业和渔业部门的 GDP 占比为 18%，到了 2010 年，这一数字下降到了 4%。

1985 年之前，巴西是一个军事独裁国家。1964 年，一场军事政变把当时的古拉特总统赶下了台。在整个二十世纪七十年代的强劲经济表现下，军事独裁政权维持了 22 年，直到二十世纪八十年代初国内经济困难加剧，军方失势，巴西民主运动党才夺取了政权。1988 年，巴西政府起草了一部新宪法，于 1990 年生效。从那时起，巴西便一直维持着民主政体。

在环境层面上，巴西拥有不同凡响的破坏力。巴西控制着绝大部分的亚马孙雨林，全国大约 60% 的地区被森林覆盖。亚马孙雨林的生死存亡直接关系到全球气候。2010 年，巴西的人口为 1.96 亿，29% 的温室气体排放来自林业和土地利用。同时，巴西还拥有大量的石油和矿产。

森林砍伐是巴西最突出的全球环境问题。在民主化之前，军政府鼓励甚至补贴民众移居亚马孙地区，在开发自然资源的同时，确保这一广阔地区免受其他国家的入侵。政府修建道路、补贴定居点，为牧场主提供廉价信贷。从二十世纪七十年代中期开始，这些措施带来了大规模的土地清理和森林砍伐活动，森林覆盖率迅速缩减。截止到 1989 年，巴西亚马孙地区已经失去了超过 15 万平方英里 [①] 的森林，高达最初总量的 10%，1990 年到 2000 年又失去了 64000 平方英里。

2003 年到 2010 年卢拉总统的任期内，联邦政府果断采取了一系列措施来阻止森林砍伐。2004 年，巴西创建了 DETER 卫星系统，实时监测森林砍伐情况。2007 年，巴西环境部公布了一份名单，点明了毁林问题屡禁不止的一些"重点城市"，在这些城市加强了执法，根据卫星观测结果对不遵守林业法律的行为进行罚款。巴西还将受保护的森林面积增加到 50%，是其森林总面积的一半。与预测结果相比，仅通过这些措施就将森林砍伐量降

---

① 　1 英里 ≈ 1.609 千米。——编者注

低了 35%。

　　卢拉任期结束后，巴西打压森林砍伐的决心出现了动摇。卢拉的继任者罗塞夫总统一直深受经济不景气和低支持率的困扰。巴西国会中 40% 的席位都掌握在该国的农业大户手上，这直接导致罗塞夫在 2016 年 8 月被弹劾。她的继任者特梅尔总统对农村选民做出了重大让步，缩小了受保护的森林面积，并赦免了因砍伐森林而被罚款的农民和牧场主。2018 年 10 月，博索纳罗赢得选举，继续放任人们对亚马孙雨林的大肆砍伐。

　　兴建大坝是巴西的另一个主要环境问题。2016 年，巴西已经建造了具有 87 千兆瓦发电能力的大坝，占全国总发电量的 70% 以上。几十年来，环保人士和原住民对大坝带来了负面影响表达了担忧，譬如居民的流离失所和生物多样性的丧失。

　　长期以来，巴西一直是关于森林砍伐、生物多样性和气候变化的全球环境谈判的主要参与方。地球峰会于 1992 年在里约热内卢举行。二十世纪八十年代，国际纷纷关注起森林砍伐问题来，当时巴西的民族势力强硬表态，巴西对亚马孙的治理不关别国的事，指责了工业化国家的殖民主义。关于国家对森林是否享有主权的问题，南北国家之间存在冲突，导致地球峰会无法通过具有实际意义的森林公约。其中，巴西可谓是支持国家自决权的最强音。在政府间森林问题工作组（Intergovernmental Panel on Forests，IPF）的谈判中，以及后来的政府间森林问题论坛（Intergovernmental Forum on Forests，IFF）上，巴西和美国共同领导了反对制定具有法律约束力的全球森林条约的国家联盟。

在早期的气候谈判中，巴西强调了各国的排放历史。巴西认为，在全球变暖问题上，工业化国家应负主要责任，《京都议定书》等条约应根据历史责任来分配减排任务。之后，随着巴西在控制森林砍伐上取得了成果，巴西变得越来越愿意合作了，并且强调了对林业碳汇提供财政支持的重要性。由环保和商界人士，这些"浸会教徒和私酒贩子"组成的联盟十分支持国际气候政策的实行，期待从随之而来的碳融资和低碳发展中获益。2015年巴黎谈判中，巴西提交了国家自主贡献方案（INDC），承诺以2005年为基准，到2025年将温室气体排放量减少37%。由此，巴西成为第一个承诺绝对会减排的非经济合作与发展组织国家。

《巴黎协定》签署后，巴西的立场再次逆转。随着国内政策再次放任甚至鼓励森林砍伐，巴西不再愿意执行原本雄心勃勃的去碳化计划。博索纳罗总统对《巴黎协定》持怀疑态度，并在美国退出后也威胁要退出协定。

巴西在环境政策方面的制度能力在很大程度上导致了它这样反复无常的国际立场。尽管巴西的高人均收入和悠久的国家历史造就了一个能力尚可的政府机构，但政治上的干预和动荡使其保护环境的能力大打折扣。卢拉任期内，巴西最高领导下决心阻止森林砍伐，巴西环境和自然资源研究所（Brazilian Institute of Environment and Natural Resources，IBAMA）才能获得足够的资源来甄别和惩罚违规者。政权更迭后，政府机构的执行力迅速丧失，甚至在巴西政府还没有正式改变环境政策前，违规行为就已不再受到惩罚了。

通过巴西的案例，我们看到了自然资源国际合作的困难。除了卢拉总统执政期间短暂且利己的合作"蜜月期"，巴西一直是坚定的国家主权拥护者，立场自始至终都强调了自决的重要性，拒绝为气候变化和森林砍伐承担任何责任。这样的环境偏好，加上其政治化的政府机构，使巴西在全球环境谈判中成了一个棘手的合作伙伴。

全球环境政治中的一批新兴经济体

撇开巴西不谈，虽然印度尼西亚、尼日利亚、越南和菲律宾的社会、经济和政治情况千差万别，但有几个共同点决定了它们在全球环境政治中日益增长的重要性。庞大的人口和强劲的经济增长导致了国内资源消耗和污染的扩大化，而制度能力的匮乏使得政府无力控制人口和经济增长带来的负面效应。尼日利亚和印度尼西亚破坏力的来源不再仅仅是自然资源，越南和菲律宾的结构性力量也开始突显。

历史上，这四个国家拥有不同的破坏力。虽然之前四国的发展水平都较低，但印度尼西亚和尼日利亚的化石燃料和生物多样性使其拥有了比越南和菲律宾更多的结构性权力。作为石油输出国组织的成员，印度尼西亚和尼日利亚也增强了石油国家在全球环境政治中的实力。虽然不是石油输出国组织的领导者，但两国的成员方身份还是在某种程度上合理化了石油输出国组织为了破坏气候谈判而做出的努力。

现在，四国都已经跻身全球环境政治的主要国家之列。经济的发展提升了它们的破坏力，并且就气候变化而言，它们都是排放大国。如果在未来，四国中的任何一国不能参与到气候合作中来，那控制全球变暖以保护地球和人类文明的努力都将遭受重创。因为森林砍伐问题，印度尼西亚一直以来都备受关注，其他三国如今也不容忽视。

四国日益增长的破坏力对全球环境政治的影响正在逐步突显。一方面，在实行国内环境政策和参与方际环境合作时，这些国家面临着与日俱增的压力；另一方面，它们的国际地位在上升，有足够的破坏力迫使其他国家作出对等的让步。目前，印度尼西亚和尼日利亚在国际上的重要性是基于多重原因的，不仅仅是因为丰富的自然资源。印度尼西亚是东南亚最大的经济体，对当地的经济活动和能源使用起着决定性的作用；尼日利亚是非洲人口最多的国家，在理想的情况下它会成为非洲未来的经济领袖，但如果发展不顺利，会给整个西非地区带来经济上的麻烦和政治上的动荡。越南和菲律宾正面临着快速增长的能源需求，如果能在不扩大煤炭使用的情况下解决这些需求，将给全球二氧化碳的减排带来显著的积极影响。

归根结底，我们有充分的理由相信四国的经济将迎来高速的发展。在过去的几十年中，四国经历了各种各样的政治风暴和经济危机，但它们的经济从未脱离上升的轨道。尽管短期内存在不确定因素，但从整体来看，各国的财富和政治影响力将继续升级。

制度能力方面，四个国家过去的表现都不理想。没有一个国家有能力应对环境挑战。四国都有专制的历史，这在一定程度上加重了对环境的消耗和破坏。尽管在有限的经济活动和极端的贫困下，这些国家对环境的影响还不算大，但在极低的效率下，每单位 GDP 对应的环境成本是十分惊人的——无论是尼日利亚对尼日尔河三角洲石油污染的无视，还是越南为了工业化对自然资源的取索无厌，都导致了这样的结果。

如图 3.1 所示，今天这四个国家的制度能力仍存在着较大的差异。越南、菲律宾和印度尼西亚的政府效率有所提高，而尼日利亚的情况不容乐观。虽说监管质量和腐败程度不是最重要的执政表现的指标，但各国在这两个方面存在的问题的确给环保带来了不小的损失。

许多事情取决于制度能力的提高。尽管四国都取得了一些进步，但挑战依旧严峻，尤其是针对环境问题的制度能力增长相对缓慢——不论是图 3.1 中的指标，还是我对各国的环境政策的发展历程的回顾，都体现了这一点。越南和菲律宾通过不同的方法提升了一定的环境制度能力；印度尼西亚分散的体制结构和腐败盛行阻碍了其保护森林的行动；尼日利亚的情况是这些国家中最糟糕的，迄今为止，尼日利亚政府几乎没有推出过任何有效的环境政策。

制度能力提升得不够快，政府就无力遏制该国对环境的持续破坏。经济和人口的快速增长给环境带来了压力，而政府却未能有效化解这些压力。除了越南和菲律宾在某些具体问题上的表现还算理想外，总的来说，四个国家都重现了印度的发展模式：无论总体上还是具体到环境部门，制度能力的增长都明显滞后于经济的增长。

想要真正参与到全球环境政治中并带来正面影响，提升制度能力是每个国家要达到的先决条件。如果管理水平能上一个台阶，那四国不仅能获得直接利益，而且不论是区域还是全球层面，都会产生可观的积极外溢效应。如果战略政策干预能够扭转当前的局面，帮助这四个巨大的经济体提升制度能力，那么人类可持续发展的未来将不再只是一个梦想。

下一批新兴经济体

孟加拉国、缅甸、埃塞俄比亚和坦桑尼亚这四个国家，在全球环境政治中有着类似的"心路历程"：经济增长为国内政策带来了新的挑战，也带来了新的外交需求。一方面，国际社会就环境问题开始向这些国家施压；另一方面，这些国家的政府意识到，外部支持能帮助其解决国内环境问题。

表 6.3 比较了这四个国家的一系列关键指标。同样，前四个指标来自表 3.2。这四个国家的能源消耗和温室气体排放往往很有限：尽管四国之间，缅甸因为砍伐森林而排放量较高，但事实上，缅甸排放的温室气体中只有 4% 是二氧化碳，是全球人均排放量最低的国家之一。

表 6.3　孟加拉国、缅甸、埃塞俄比亚、坦桑尼亚四个国家的特点
（2014）

	孟加拉国	缅甸	埃塞俄比亚	坦桑尼亚
人口	155	52	98	50
人均能源消耗	229	270	493	497
人均 GDP	951	369	449	846
温室气体排放总量（2010 年）	178	325	183	234
自然资源红利	1.1	7.8	13.4	5.1
森林覆盖率	14.5	46.4	15.5	54.7

注：人口以百万为单位；人均能源消耗以千克油当量为单位；人均 GDP 以千美元为单位，2010 年物价基准；温室气体排放总量以百万吨二氧化碳当量（2010 年）为单位；自然资源红利是占 GDP 的百分比；森林覆盖率是占国土总面积的百分比。

资料来源：世界发展指标。

扭转局面：孟加拉国和缅甸

孟加拉国和缅甸是邻国，但却拥有着截然不同的特征。孟加拉国是一个人口稠密的国家，1971 年从巴基斯坦独立后，一直动荡不安。缅甸是一个幅员较为辽阔的国家，人口不多，有许多尚未开发的自然资源。在不久之前，缅甸还是一个封闭的军事独裁国家。但这两个国家最近都出现了经济快速增长的迹象。

孟加拉国长期以来一直是一个贫穷的国家，最近情况才开始好转。1990 年孟加拉国的人均 GDP 为 760 美元（2010 年物价），明显落后于印度的 1 346 美元；工业产值为 26%，服务业上升至

56%，与印度类似。纺织业是孟加拉国经济的核心驱动力，也是进军国际的关键产业。

孟加拉国在人类发展领域取得了出人意料的进步。《华尔街日报》2015 年的一篇文章中提到，虽然印度的人均 GDP 要高得多，但孟加拉国在绝大多数的人类发展指标上都超过了印度。孟加拉国的人均寿命是 71 岁，比印度整整多了 5 岁。2013 年，孟加拉国 5 岁以下儿童的死亡率为 0.041，印度为 0.053。虽然这一差异乍看起来并不大，但考虑到印度的人均收入比孟加拉国高 50%，这一差异是非常显著的。2013 年后，两国的 GDP 差距开始缩小；在新冠疫情期间，印度遭受的经济打击要远大于孟加拉国。

孟加拉国的农业资源丰富，但自然资源很少，很容易受到环境恶化的影响。孟加拉国是世界上人口密度较高的国家之一，2015 年的数据是每平方千米 1 237 人，而且作为一个低海拔国家，非常容易受到海平面上升和极端天气等气候变化的影响。肥沃的土地和季风降雨在养活了大量人口的同时，也极易遭受洪灾。2011 年，咨询公司梅普尔克罗夫特对各国进行了环境风险评估，将孟加拉国列为了世界上极其脆弱的国家之一，依据是该国"受到与气候有关的自然灾害和海平面上升的影响；在人口模式、发展情况、自然资源、农业依赖性和冲突等方面，国民高度敏感；同时，该指数通过考量一个国家的政府和基础设施对气候变化的适应能力来评估其未来的脆弱性。"

孟加拉国的政治历史也十分动荡。1971 年 3 月，孟加拉国宣布从巴基斯坦独立，1971 年年底，由于（西）巴基斯坦和孟加拉国之间缺乏陆地走廊，巴基斯坦军队在印度总理英迪拉·甘地发起的军事干预中被击败。独立后，孟加拉国制定了民主制的宪法，但好景不长，军方于 1975 年开始掌权，直到 1991 年才恢复了民主制度。2007 年，总统宣布国家进入紧急状态，国家再次陷入专制统治。短暂的紧急状态结束后，孟加拉国的民主制度未能完全恢复，充其量只能算得上是部分民主制，选举过程中存在缺陷，政治参与受到限制。2013 年，该国的"政体民主度"（Polity IV）得分为 4 分，即"比起专制更接近民主，但与自由民主还差得很远"。

几十年的政局动荡下，除了外国捐助方采取的干预措施外，孟加拉国几乎没有任何环境政策可言。独立的孟加拉国继承了 1970 年的东巴基斯坦水污染条例，将其扩展为 1977 年的《环境污染控制条例》，并成立了污染控制委员会。然而，在实行民主制度和 1989 年环境部成立后，孟加拉国直到 1992 年才制定了全面的国家环境政策，并在外界的捐助和支持下，慢慢地培养起了制度能力。

过去，孟加拉国在全球环境政治中的角色仅仅是一个受到环境问题威胁的受害者。虽然孟加拉国在全球环境政治中发挥的作用十分有限，但由于对环境恶化高度敏感，它率先呼吁了以气候适应为目标的气候融资。正如孟加拉国气候政策的知名学者胡克所说的，截止到 2001 年，"孟加拉国只能在名义上参与"全球气候谈判。

　　同时，孟加拉国的人口飞速增长，每平方千米人口从 1991 年的 853 人飙升至 2015 年的 1 237 人，给自然资源带来了巨大的压力。尽管最近随着生育率的降低，人口增长率有所下降，但达到人口稳定阶段还需要几十年。

　　这种经济扩张对环境和公共卫生造成了立竿见影的影响。燃煤发电厂的建设便是一个例子。孟加拉国在历史上一直依靠天然气满足大部分的电力需求。2017 年 2 月，政府计划建造六座燃煤电厂，总容量约为 5 000 兆瓦。如果未来孟加拉国无法用清洁能源代替煤炭，那么将造成非常严重的全球变暖和空气污染问题。孟加拉国人口密度高、依赖农业、自然资源脆弱（孙德尔本斯的红树林等），这些因素加剧了燃煤发电将造成的环境破坏。2020 年 8 月，孟加拉国宣布了审查燃煤发电计划，并承诺对煤炭发电能力的扩张进行限制。

　　孟加拉国政府在环境政策方面并非毫无作为。二十一世纪，该国颁布了一系列新的环境政策，包括 2008 年的可再生能源政策，2009 年的气候变化战略，以及 2012 年的生物多样性法案。在这些新政策的武装下，政府能够更好地应对"脆弱"未来面临的各种风险和挑战。这些政策从侧面反映了随着经济的发展和人口密度的增加，国内环境压力也在上升的事实。

　　在为哥本哈根峰会做准备时，孟加拉国制定了应对气候变化的战略，是该国气候变化政治的缩影。该战略提出了一个十年计划，"通过建设国家能力和复原力，应对气候变化的挑战"。在该战略的五大核心中，只有一个侧重于气候缓解问题，其重点是

"高效生产"。该战略甚至还提出了"最大限度地提高煤炭的发电量，以碳中和的方式管理燃煤发电站"的倡议。可见对孟加拉国来说，气候变化仍只是一种潜在危险，当前能做的只有适应它，而只有在顺应了国家整体发展目标，尤其是能源安全的具体问题上，政府才会为了气候减缓而努力。

孟加拉国的国家自主贡献方案（INDC）也可谓意志消沉。该方案只承诺了将"电力、交通和工业部门"的温室气体排放量比预期减少 5%；如果有足够的国际援助，则减少 15%。其中，国际援助、经济增长和气候适应是最重要的考量因素："在选择上述行动时，孟加拉国优先考虑了国家发展计划中的增长重点。此外，孟加拉国抓住了气候减缓和气候适应间的协同作用，将优先考虑那些有利于气候缓解的气候适应行动，并寻求将各类气候适应行动的碳足迹降到最低的方法。"

孟加拉国的制度能力是一个耐人寻味的问题。一方面，从图 3.1 中的治理指标来看，其表现相对稳定：政府效率停滞不前，与监管质量增强和腐败控制力降低这两个次要指标的提高相互抵消。总体来说，其制度能力表现不均衡，得过且过，基本遵循了该国独立以来动荡的政治轨迹。

另一方面，通过上述环境立法等行动，我们看到孟加拉国在环保上正有所进展。在那些"守得云开见月明"的不发达国家中，孟加拉国是很有希望的一个，这可能是因为长期以来国家一直处于十分脆弱的状态，所以政府不得不做好应对灾难的准备，国际上的捐助也较为充分。总的来说，孟加拉国正处于重要的转型边缘。虽然对环境灾害的脆弱性仍是它引起国际重视的主要原因，但它同时也是一个充满活力的经济体，具有强大的破坏力。孟加拉国自古以来便自然资源匮乏，因此随着生活水平的提高、工业化的深化和中产阶级的扩大，大部分破坏力的增长将来自于能源消耗的增加。

出于政治历史原因，缅甸是一个特别的案例。2010 年前，缅甸还是一个封闭的国家。1962 年以来，缅甸一直处在军事独裁统治下。尽管 1990 年举行了自由选举，但选举结果被军政府拒绝。2010 年，选举再开，本次选举和之后 2012 年的补选并未达到自由公平的标准。直到 2015 年，缅甸才终于完成了自由民主大选，昂山素季领导的全国民主联盟以压倒性优势获得了胜利。2010 年选举后，缅甸进行了一系列雄心勃勃的政治和经济改革，掀起了经济增长的高潮。

2015 年以来，缅甸一直在努力巩固自身的民主体制。虽然在名义上成了一个民主国家，但其政治上仍深受军方的影响，选举制度下的民权也没有得到保障。2017 年，佛教徒和罗兴亚穆斯林少数民族之间的紧张关系进一步恶化，数十万罗兴亚穆斯林逃往邻国，缅甸政府也因种族迫害问题受到了包括联合国在内的国际社会的广泛批判。2021 年 2 月，相关军事政变爆发，缅甸的民主前景再次引发了全世界的担忧。

历史上，缅甸的经济一直依赖于农业和自然资源开采。直到冷战结束，缅甸仍然是一个非常贫穷的国家，经济发展近乎停滞。1985 年，缅甸的人均 GDP 为 232 美元（2010 年物价），

1991 年降至 187 美元，这比 1979 年还低，仅略高于饱受内战摧残的埃塞俄比亚。除了自给自足的农业占据了经济的绝大部分，缅甸还有少量的自然租金出口，譬如天然气或玉石。冷战结束后，经济开始迅速增长。2014 年，其人均 GDP 上升至 1 257 美元（以 2010 年物价为标准），几乎是 1991 年的 7 倍。缅甸由此成为全球表现最好的经济体之一。

缅甸的自然资源也很丰富。它是世界上最重要的玉石生产国，一半左右国土被森林覆盖，且大部分森林是原始森林——生物多样性及碳密度都很高。缅甸人口分布稀疏，拥有石油、天然气、矿产，以及尚未开发的水力、发电潜力。受限于国内政治冲突和封闭的经济体系，在这种情况下，评论家们十分担心"环境诅咒"的上演：

> "如果能有效地评估和管理对自然资源部门的投资影响，透明且负责地处理收入，那么潜在利益将是巨大的。如果管理得当，自然资源带来的财富可为缅甸的转型提供很大一部分资金。不幸的是，之前不少国家陷入了'资源诅咒'，而成功躲过诅咒的国家屈指可数。"

过去，缅甸在全球环境政治中一直扮演着可有可无的角色。缅甸继承了英国殖民者的森林管理制度，和英国一样，独立后的缅甸政府对短期内自然资源收入最大化的兴趣远远超过了对长期可持续林业发展的兴趣："缅甸领导人要求最大限度地增加收入，这意味着林业工作者无法在森林开发和森林保护之间取得平衡。"1988 年军事政变后，环境压力增加，其主要原因是"缅甸政府不分青红皂白地开采国家的自然资源……在缅甸，对自然资源的滥用愈演愈烈，可环境治理的制度发展却很滞后"。

尽管缅甸批准了各大环境多边条约，但受困于封闭的政治体系，一直以来它并没有真正参与到全球环境政治中来。国际环境团体也没有什么动力去批判军政府，毕竟缅甸是个自给自足的国家，国际声誉对军政府来说并不重要。

但在未来，缅甸的经济和环境情况可能出现逆转。就能源而言，伦敦经济学院国际发展中心的报告称，缅甸的电力水平"正处于越南一二十年前的阶段，也就是在为满足民众的用电需求，避免停电而努力。"缅甸的人均用电量约为泰国的十六分之一，越南的八分之一。缅甸本来天然气就有限，再加上和中泰两国签订了长期的天然气供给条约，一旦经济出现快速增长，将不得不大力投资燃煤发电，这将对环境造成重大影响。

缅甸的国家自主贡献方案（INDC）使人们对其缓解气候变化的能力产生了怀疑。方案中，缅甸政府没有估测"一切照旧"情况下的排放量，也没有积极制定减排目标，只是对未来可能的排放趋势进行了预测。虽然政府提出了一些有意义的政策，譬如为了保护丰富的碳汇储备而阻止森林砍伐，但这些政策大多只是泛泛而谈，没有精确的量化目标。

毫无疑问，缅甸也面临着制度能力的巨大挑战。从图 3.1 中我们看到，1996 年至 2019 年，缅甸在监管质量和腐败控制方面取得了重大进展，但政府效率仍然停滞不前。缅甸从封闭的军事独裁政权向民主政体的转型并不彻底，2021 年的军事政变更是证明了缅甸有随时倒退回独裁国家的风险。如果军政府重新掌权，军事领导层将在环境和其他政策上下多少功夫，目前还无从得知。

对捐助国的依赖也是一个问题。民主化以来，缅甸政府一直面临着制度能力不足的问题，治理上的空白只能由捐助方填补。除非找到提高自身治理能力的方法，否则缅甸将一直以满足捐助国的利益为先。这样一来，政策实施的资金来源和技术支持是不稳定且不可靠的。里菲尔和福克斯称，援助可能会降低缅甸政府的效率，因为"高级官员每天都要花大量时间会见捐助国各界的代表团，包括援助机构、议会、公司、国际非政府组织、媒体等。络绎不绝的来访使缅甸官员无暇顾及政策制定和实施等重要工作。"这样的情况连军事政变也无法轻易改变。

缅甸利用离网太阳能发电（如家用太阳能系统）普及农村能源便是一个例子。我在 2017 年 3 月访问缅甸时，当地的研究人员、企业和政府官员告诉我，在捐助下，政府已在农村地区免费发放了数十万套太阳能家庭系统。这直接劝退了投资者，不敢将资金投入到一个随时可能被免费援助计划影响的行业，由此，家庭太阳能产业在农村就没能发展起来。同时，由于政府无力制定强有力的、统一的离网政策，只能实行昂贵的补贴计划，缅甸的农村电气化问题便一直无法得到彻底解决。

尽管孟加拉国和缅甸的发展背景不同，它们现在都处于经济转型的边缘。两国都面临着不稳定不健全的民主政体的能力限制和政治风险。如果两国能克服困难，保持经济增长，那它们必将在二十一世纪的全球环境政治中扮演更重要的角色。

新兴非洲经济体：埃塞俄比亚和坦桑尼亚

接下来我将探讨东非的两个新兴经济体：埃塞俄比亚和坦桑尼亚。两国在过去二十年间表现良好，埃塞俄比亚目前的发展轨迹甚至在很多方面与中国经济腾飞的前二十年十分相似。两国的制度能力都有所提高，埃塞俄比亚甚至采用了绿色增长战略来实现 2025 年前成为中等收入国家的目标。

不久之前，埃塞俄比亚还是以其贫困和脆弱而闻名的国家。提起埃塞俄比亚，人们最先想到的是 1973 年和 1984 年悲惨的大饥荒和持续到 1991 年的内战。整个二十世纪八十年代，埃塞俄比亚的人均 GDP 不断下降，1992 年跌至谷底，为 164 美元（以 2010 年物价为标准），在全球排名倒数。此后十年，埃塞俄比亚经济缓慢复苏，2003 年，其经济开始起飞，2004 年至 2015 年，平均每年的实际增长率超过 10%。在过去十年中，虽然制造业发展不快，但在公共投资的助力下，农业和服务业取得了惊人的收益。

埃塞俄比亚幅员辽阔，人口众多（已经远超 1 亿人）且增长迅速。2013 年埃塞俄比亚的人口密度为每平方千米 94.6 人。虽然这个数字是世界平均水平的两倍，但它远远低于印度

（430.0），甚至中国（144.6）。因此，尽管埃塞俄比亚的人口绝对值很大，但人口密度并不算高。

有趣的是，埃塞俄比亚究竟拥有多少自然资源还是一个未知数。采矿业才刚刚兴起，2011—2012 财政年度的 GDP 占比仅为1.5%，大部分的资源还没被开发出来。虽然埃塞俄比亚不太可能成为一个资源依赖型的经济体，但对矿产的系统性勘探和开采却可以促进其经济增长，尤其是出口收入。在森林资源方面，如表 6.3 所示，由于长期以来的大规模砍伐，埃塞俄比亚的森林覆盖率已所剩无几。

政治上，埃塞俄比亚并没有彻底转型为一个自由民主的国家。2015 年，埃塞俄比亚的"政体民主度"（Polity IV）得分为 –3分，更接近专制的那一端。虽然有选举和政党，但其民主制度并不具备真正的竞争性，对行政权力的限制也很小。

之前，埃塞俄比亚几乎没有任何环境政策可言。面对极端贫困和 1974 年爆发的内战，政府根本没有能力制定一个可持续的国家环境战略。门格斯图政权推行的农村发展政策成为当时国家环境战略的基础，该政策制定于 1974 年大饥荒的背景下，是"一个雄心勃勃的农业改革计划，旨在改变农村的社会经济和政治体制，刺激农业发展，提高粮食安全，解决森林砍伐和土壤侵蚀等环境问题。"很可惜，政策的效果并不理想，"其降低了土地使用的安全性和农业的利润率，从而无法激励农民好好管理自然资源。在许多地区，粮食安全问题似乎更加严峻了。"

全球环境政治中，埃塞俄比亚在适应和抵御气候变化和侵蚀的谈判中始终占有一席之地。1985 年至 1988 年，门格斯图的农村发展政策进入尾声，埃塞俄比亚实行了"开垦计划"。该政策不仅未能防止，甚至还可能促成了 1984 年的大饥荒。政策彻底失败后，政府联合了捐助国和非政府组织，试图阻止埃塞俄比亚农村环境的恶化。联合行动宣称，埃塞俄比亚已深陷马尔萨斯陷阱，在巨大的人口压力下自然资源不断减少。霍本称，当时的主流说法是：

> "很久以前，当埃塞俄比亚的人口较少时，耕作系统和技术足以让农民在不大量消耗自然资源的情况下得以谋生。本世纪，人类和动物的数量都在增长，传统的耕作系统已不堪重负，导致环境不断恶化，直至无法逆转。想要扭转这一进程，就必须对环境恢复进行大规模投资，但埃塞俄比亚的国民过于贫穷，无法为了未来而放弃现在，甚至没有能力供养下一代，对投资也没有概念，所以外部援助必不可少。"

根据这种说法，埃塞俄比亚的环境退化不过是人口增长的一个必然后果，只有通过政权的积极干预才能解决问题。因此，联合行动顺应了捐助国和民间团体对环境退化的原因的先入之见，自上而下的资源调动方式使国民遭受了不必要的痛苦，可环境状况却没有得到改善。

这一切都已成为过去。在四个国家中，埃塞俄比亚的经济转型迹象反而是最明显的。尽管埃塞俄比亚经济的高增长率在一

定程度上得益于其低基线，但十年间经济的实际年增长率均超过
10%，仍属于一项杰出的成就，除了东亚的经济奇迹外，类似的
事情鲜有发生。埃塞俄比亚政府完全有理由对在短短几年内（官
方目标是到 2025 年）达到中等收入国家的目标充满信心。经济
的各领域都在发展，虽然仍以农业为主，但工业化的早期迹象已
经出现。农业和工业的增长率都很快，工业更快：2004 年工业增
加值占 GDP 总量的 13.9%，然后在 2010 年下降到 10.2%（该国的
农业大繁荣时期），在 2015 年反弹至 16.3% 的新高峰。从基础教
育到预期寿命，所有其他发展指标都呈现出欣欣向荣的景象。

在未来，这些发展将带来巨大的环境压力。2011 年埃塞俄
比亚的绿色增长战略指出：“如果埃塞俄比亚走传统的经济发展
道路，实现在 2025 年达到中等收入水平的目标，温室气体排放
量从现在的 1.5 亿吨上升到 2030 年的 4 亿吨二氧化碳当量，增
加一倍以上。国家发展可能会导致自然资源的不可持续性，重复
使用过时的技术，燃料进口的 GDP 占比也将持续升高。这样一
来，埃塞俄比亚将失去可持续发展的机会。”传统模式下，政府
将大量投资传统技术领域，经济活动对化石燃料和其他自然资源
的消耗将迅速上升，国家将困在高碳的经济模式中。

埃塞俄比亚致力于摆脱传统模式的国家自主贡献方案
（INDC）得到了国际各界的称赞。该方案在很大程度上借鉴了绿
色增长战略，指出“埃塞俄比亚的长期目标是实现碳中和，中期
目标是达到中等收入水平”。该方案计划是到 2030 年比“一切照
旧”减排 64%。

有趣的是，在埃塞俄比亚崛起的过程中，其制度能力有了很大的进步。1996 年，埃塞俄比亚政府效率得分为 –1.28，低于尼日利亚的 –0.98，仅高于缅甸。2019 年，埃塞俄比亚的得分上升至 –0.42，而尼日利亚的得分却下降至 –1.09。埃塞俄比亚一举超越了孟加拉国、缅甸、尼日利亚和坦桑尼亚。其实，绿色增长战略本身就是制度能力提升的一个例子，这是发展前的制度能力下不可能出现的提案。

对埃塞俄比亚来说，其政治制度是存在风险的。虽然其制度可以高效地调动内部和外部资源，但民主化的压力可能带来政局的动荡，导致暴乱和政变。因此，虽然其现有体制在一定程度上对埃塞俄比亚的政府效率做出了贡献，但也可能会给其光明的经济前景带来风险。如果民主化的呼声日益高涨，而政府在民主转型中表现不佳，那么它在最近的发展势头可能被逆转。例如2020 年年底在提格里州发生的武装冲突就体现了国内政局的不稳定。埃塞俄比亚的确在经济发展上取得了不菲的成绩，但增长是否持久还有待观察。

总而言之，埃塞俄比亚是一个范例，展现了新兴经济体应该如何平衡经济发展和环境可持续性。在出色的经济表现下，政府积极制定了全面和可靠的绿色增长战略，并且得到了外部支持，这显示了国际社会可以给年轻新兴经济体的发展战略带来积极的影响。然而，提格里州爆发的冲突给埃塞俄比亚的可持续发展带来了巨大的政治风险。

与埃塞俄比亚不同，坦桑尼亚的政治和经济一直以来都处于相对稳定的状态下。坦桑尼亚于 1961 年 12 月独立，非洲社会主义的代表人物朱利叶斯·尼雷尔于第二年当选总统。从那时起，坦桑尼亚革命党（Chama Cha Mapinduzi, CCM）便一直掌握着政权，在内乱频发的非洲保证了坦桑尼亚国内的稳定。1995 年，坦桑尼亚开始举行定期选举，走上了民主化的道路，但该国的"政体民主度"（Polity IV）得分仍为 −1，更接近于专制而非民主。虽然官方上属于民主体制，但坦桑尼亚仍是一个一党制国家，从未出现政权更迭——立法者来来去去，革命党仍大权在握。

也许是因为没有国内冲突，坦桑尼亚的经济增长一直缓慢但稳定。与撒哈拉以南的大部分国家类似，二十世纪九十年代初坦桑尼亚陷入了经济低谷，人均 GDP 仅为 458 美元（以 2010 年物价为标准）。这个人均 GDP 虽不算理想，但几乎是埃塞俄比亚的三倍。2015 年，坦桑尼亚的人均 GDP 达到了 842 美元，几乎翻了一倍。虽然这一增速并不像中国或是埃塞俄比亚那样耀眼，但也算是不凡的成就了。另外，坦桑尼亚的工业化非常成功，二十多年间，工业增加值的份额从 15% 增长到 26%，服务业则几乎没有变化，从 40% 增长到 42%。

坦桑尼亚的国内环境政策主要集中在森林资源管理上。1997 年，也就是第一次选举的两年后，政府才制定了国家环境政策框架：

"1997 年的国家环境政策提供了一个改革的框架，使环境问题成了坦桑尼亚政治决策中的重点之一。它提出了政策的纲领和计划，指导了政策的重要性排序，以便监测和定期审查相关政策、计划和方案。它还对部门和跨部门政策进行了分析，利用了各部门和利益团体间的协同作用。"

可惜的是，这个环境政策框架并没有成功。马罗指出，该框架"没有对环境保护和管理产生太大的影响。"其虽然在纸面上看起来很全面，但实施起来却很松散缓慢，直到 2004 年，坦桑尼亚才在该框架下制定了环境保护法。

坦桑尼亚批准了所有主流的多边环境协议，并响应了减少森林砍伐的倡议。在国际气候谈判中担任七十七国集团主席时，坦桑尼亚的影响力最为明显。代表坦桑尼亚在《京都议定书》的气候谈判中担任七十七国集团主席的马克·姆万多西亚（Mark Mwandosya）在他的书《生存排放》（*Survival Emissions*）中明确提到，坦桑尼亚致力于维护七十七国集团的团结一致。1997 年 3 月在波恩举行的《柏林授权书》特设小组会议上，"在坦桑尼亚的施压和不停说服下，小岛屿国家联盟和石油出口国为了集团达成了折中方案。"尽管坦桑尼亚没有在全球环境政治中提出什么具体的条约内容，但在七十七国集团的内部谈判中维护了集团的团结。

坦桑尼亚在经济发展方面虽不如埃塞俄比亚那样耀眼，却在较长的时间里保持着不低的增长，且没有明显的放缓迹象。经济学人智库预计，该国 2017 年到 2021 年的年增长率将继续保持在 5% 以上。不断增长和日渐富裕的人口将在自然和能源方面产生巨大的需求。"全球煤炭网络"（CoalSwarm）是一个跟踪全球各地与煤炭有关的发展趋势的国际非政府组织，根据该组织的统计，坦桑尼亚已经规划了超过 1 500 兆瓦的燃煤发电力。

如果坦桑尼亚的人口继续增长，经济表现持续坚挺，能源需求也将水涨船高，政府将面临巨大的发电压力。1963 年至 2012 年，其人口从 1 100 万增长到 4 500 万，按照目前的速度，2035 年将超过 1 亿。虽然根据其他国家的经验，人口不太可能继续以如此快的速度增长，但在如此高的增速下，人口增长放缓的可能性不大。这样一来，人均需求和人口数量同时上升，将对环境造成成倍的压力。

因此，和埃塞俄比亚一样，坦桑尼亚在未来也面临着政策抉择。如果坦桑尼亚效仿埃塞俄比亚，采取绿色增长战略，它可能会成长为国际环境政策的积极参与者和非洲的领导者。如果坦桑尼亚采取对抗性的立场，它可能会面临更大的国际环境压力。长期以来的社会稳定和正逐步完善的民主制度对环境政策的制定产生了积极的影响，但最近也发生了一些变数。2015 年 11 月上台的约翰·马加富利总统急于打压反对派和批评性媒体。如果民主化出现倒退，那坦桑尼亚在全球环境政治中起到的作用将进一步复杂化。

和许多新兴经济体一样，坦桑尼亚正努力解决燃煤发电能力问题。通过 2016 年 3 月至 8 月的采访数据，雅各布发现，坦桑尼亚有超过 1 800 兆瓦的燃煤发电能力正在开发中。坦桑尼亚的政策制定者认为煤炭是经济发展、能源获取和能源安全等国家发展战略中的重要因素。雅各布进一步指出，坦桑尼亚的政策制定受到了政治和寻租的影响，毕竟"目前对煤炭和天然气的投资会给坦桑尼亚政府、执政的精英派别、官僚阶层及其商业伙伴带来大量的资源租金"。

在国际上，坦桑尼亚没有和埃塞俄比亚一样对可持续增长战略做出无条件的承诺。在没有全面的可持续增长战略的情况下，其国家自主贡献方案（INDC）反复强调了外部支持其气候缓解努力的必要性。特别有趣的是，坦桑尼亚将减排基线定义为"缺少外界支持"，这意味着坦桑尼亚的减排贡献将完全依赖于国际支援。与许多国家不同，坦桑尼亚甚至明确表示，除非收到针对气候减缓的外部援助，否则其无意采取任何减排措施。

坦桑尼亚的制度能力十分有限，并在很大程度上依赖于外部援助。和埃塞俄比亚一样，坦桑尼亚的治理指标正逐步好转，政府效率得分从 –0.73 提高到 –0.58。虽然发展速度不如埃塞俄比亚那样迅猛（埃塞俄比亚的政府效率得分是 –0.42，已经反超了坦桑尼亚），但至少发展是正向的。过去坦桑尼亚几乎没有环境政策方面的经验，民主化以来，政府开始着手制定和实施国家环境政策。现在，坦桑尼亚对国际环境谈判的参与也更为积极，尤其是在气候适应和森林砍伐方面。

总而言之，坦桑尼亚和埃塞俄比亚有着非常不同的发展轨迹。坦桑尼亚享有长期的和平和政治稳定，埃塞俄比亚则经历了几十年的内战和饥荒。冷战结束后，埃塞俄比亚进行了大规模的公共投资，农业和服务业出现了爆炸式增长，已经赶上了坦桑尼亚。尽管这两个东非新兴经济体在经济发展和扶贫方面走的是截然不同的道路，但它们现在都面临着与能源、自然资源、甚至污染有关的政策抉择。埃塞俄比亚拥有较高水平的制度能力，能够广泛宣传绿色增长战略并且逐步成长为非洲的环境领导国，但国内矛盾埋下了潜在的危机。坦桑尼亚在能源和环境方面的战略决策还有待观察。

全球环境政治中的新一代新兴经济体

与印度尼西亚、尼日利亚、越南和菲律宾相比，新一代新兴经济体的经济转型开始得更晚些。孟加拉国、缅甸、埃塞俄比亚和坦桑尼亚都逐步脱离了农业社会，向工业社会迈进。由于这些转型是最近才开始的，具体成效还需要几十年的时间才能看到。虽然这四个国家不会在未来五到十年内影响全球环境政治，但毫无疑问，它们将在未来二三十年内成为重要的参与方。

历史上这四个国家都没有什么破坏力。四国中只有缅甸拥有相对丰富的自然资源，但由于缅甸与世界经济隔绝，自然资源的开发率仍然较低。其他三国则以其庞大且不断增长的贫穷人口而闻名。除了坦桑尼亚，各国都经历过严重的内乱，其中最极端的例子是埃塞俄比亚，内战持续了二十余年。二十世纪中这些国家的存在感都很低，虽然缅甸拥有丰富的森林资源，但是其政治和经济体制决定了它在全球环境政治中的参与度几乎为零。

当前，四国的破坏力都出现了增长，但仍处于较低的水平。四国都不具备能造成大规模环境恶化的破坏力，但经济都有明显的起色。经济快速发展，再加上人口数量不断上升，带来了指数级的经济增长率。由此，四国在全球环境政治中的角色慢慢从环境恶化的被动受害者，转变为试图在不牺牲经济发展的前提下减少环境压力的新兴经济体。

对四国来说，经济增长仍是首要任务，考虑到各国面临的极端贫困问题，这是可以理解的。虽然四国有着不同的政治制度，但各国政权的合法性均取决于对经济的可持续发展。各政府面临着减少贫困和维持经济活力的紧迫挑战，但它们也逐渐意识到了来自外界的环保压力。在经济增速保持不变的情况下，只有提高制度能力，才能取得更好、更持久的环境成果。另一方面，正如我们从缅甸和埃塞俄比亚的案例中看到的，政局不稳仍是新兴经济体的一个重要隐患，毕竟多年的发展成果很可能在军事政变或内部武装冲突后被逆转。

这四个国家在制定各部门的公共政策方面都取得了不同程度的成功，但总体来说，制度能力的发展没有跟上环境管理下的经济增长。通过埃塞俄比亚我们看到，即使是较为贫穷的国家也能制定绿色增长的国家计划，但其他国家在这方面的表现就落后很多了。最近越南的环境政策开始有起色，但能否阻止新建煤电厂和其他破坏环境的投资潮，还有待观察。

四国都十分依赖捐助，如果没有持续的外部援助，它们是否还能制定有效的战略和政策来保护环境，我们无从得知。甚至埃塞俄比亚的低碳发展战略也在很大程度上依赖外部支持，其中联合国开发计划署和全球绿色增长研究所是主力。如果经济增长能提高四国在环境政策上的自主实力，外部支持就能逐渐减少，政策制定的进展也不会受影响。

幸运的是，在经济转型的早期阶段，提高制度能力是相对容易的。只要制度能力能够提高，那政策陷阱和经济失衡是可以被及时避免的。当然，这一切都取决于不再重蹈内战（埃塞俄比亚）和军队自治（缅甸）的覆辙。

全球环境政治中新兴经济体的未来

通过对这九个新兴经济体的分析，我们发现经济和人口的快速增长会让政府拥有一个强大的武器——环境破坏力。这种破坏力是一把双刃剑，低水平的制度能力下，不论政府有意还是无意，都会给全球环境带来一定程度的破坏力。几十年来，无论是在二十世纪（如巴西）还是在二十一世纪（如印度尼西亚）开始崛起，拥有自然资源的国家都造成了突出的环境问题，这使它们在全球环境政治中扮演了重要的角色，尤其是在与自然资源相关的领域。而自然资源匮乏但经济出现增长的国家直到最近才开始对全球环境政治产生影响。

在这些发展下，全球环境政治中的新角色开始登场。在二十世纪，九国中只有尼日利亚、印度尼西亚和巴西被认为是具有破坏力的角色，而它们的影响力也仅限于林业和化石燃料有关的特定领域。也是从那时起，这九个国家在全球环境政治中变得越来越重要，如果其他国家忽视了它们，将自食其果。所有九国都将在未来一二十年内对全球环境产生重大影响。

可以肯定的是，这种快速的经济增长并不是一成不变的。埃塞俄比亚和缅甸的经济增长并不稳定，政治体制可能出现倒退。新冠疫情重创了九国的经济，巴西和缅甸是全球受影响极严重的国家。新兴经济体作为一个整体可能会继续走向繁荣，但其中个别经济体可能会在短期和中期内失去发展动力。除非出现全球新兴经济体发展持续放缓的最坏情况，全球环境政治必将迎来变革。

像印度一样，九国都被有限的制度能力束缚住了手脚。就连在社会和经济政策的众多领域（如农村电气化）迅速取得一定成果的越南，也在环境治理方面存在严重的体制问题，更不用说其他各国了。如果制度能力没有明显改善，各国将无力实行其环境计划，尤其是根据 2015 年《巴黎协定》制定的国家自主贡献方案。制度能力的不足引发了人们对未来的担忧：如果新兴经济体经济快速崛起而制度能力却没有跟上，那么其政府和国际社会将如何保护地球和人类文明免受环境威胁？我们将在结语中探讨这一问题的解决办法。

结　语
把握现在　放眼未来

本书的中心论点——新兴经济体强劲的经济增长已经彻底改变了全球环境政治的基本逻辑——其实并不复杂。随着能源和资源消耗上升，新兴经济体的结构性权力，尤其是破坏力也在增强，这导致了全球环境政治中的主要参与方越来越多。然而，结构性权力的激增并没有伴随着新兴经济体政府环境偏好的增长，环境政策制度能力的积累和条约承诺的兑现也很缓慢。

这一系列的变化使环境谈判更加复杂。在二十世纪，工业化国家能够解决大多数的全球环境问题，因为其他国家并没有什么破坏力，但当涉及发展中国家控制的自然资源，如雨林时，谈判便举步维艰。到了二十一世纪，发展中国家的破坏力大大增加，其影响力不再局限于自然资源方面。

这些变化迫使我们重新审视全球环境政治的发展方向。当参与方众多，许多参与方有能力破坏环境却没有强烈的环境偏好或制度能力来采取环保行动时，达成全球环境协议是很困难的。过去，这种困难仅限于自然资源领域，现在却涉及全球环境政治的方方面面。当具有破坏力的参与方数量众多且偏好不同时，基于多边条约和自上而下承诺的传统合作方式便不再奏效。传统的方法要求每个参与方兑现承诺，这在新兴经济体崛起的今天是几乎不可能完成的任务。各方之间的分配冲突和新兴经济体的发展需求下，即使勉强达成了协议，执行起来也是相当困难的。

各国环境政策制度能力的缺乏进一步加剧了这一问题。二十世纪全球环境政治的主要参与方（基本上是工业化国家）都有着较高的制度能力，这是二十一世纪无法达到的水准。不同于工业化国家已经在韦伯式政府体制下发展了上百年，新兴经济体在没有成熟的政府体系的情况下就取得了惊人的增长。虽然中国的崛起伴随着环境和能源政策方面制度能力的不断提升，但绝大多数新兴经济体的发展轨迹更靠近印度模式。经济和制度能力发展的不均衡意味着这些国家无力减轻经济增长带来的环境恶化。

接下来，我将总结本书的关键论点。我将回顾全球环境合作的驱动因素和相关实证，并讨论本书论点对全球环境政治相关学术研究的影响。我认为，学术研究的重点应该放在新兴经济体的环境政策制定上。最近学者们在国际环境机构和民间环境组织上花费了大量笔墨，但这对本世纪最重要的环境挑战——如何减轻制度能力有限的新兴经济体经济快速增长对环境的影响——并没有什么启示。同时，我还呼吁国际关系学者深入研究国际联系和支援在解决这一挑战中的作用。

我们生活的这颗蓝色星球，由一个复杂的生态体系所支撑，而我们的经济活动正在破坏这个体系。不同国家不同社会的人通过利用自然界的资源来满足自身的各类需求，而全球环境政治则是诞生于一种集体意识——即使经济活动发生在千万里之外，我们仍是命运共同体。

世界上还有数十亿人正为了过上现代生活而奋斗，他们从未像今天这样接近这一目标。因此，人类在本世纪面临的挑战是设计一个新的全球环境政治体系，使所有人都能在不牺牲其他人类、后代和其他生物的前提下追求幸福的生活。

内容梗概

在我的模型中，四个关键变量决定了国际环境合作的程度和性质。由于政府是全球环境政治中的关键角色，该模型侧重于对政府的分析，强调了拥有结构性权力的关键国家的数量、结构性权力强弱、环境偏好以及制定和实施环境政策的制度能力。这四个变量共同决定了全球环境合作的背景、可能性、结果和收益分配。

在二十世纪，大多数情况下这些关键变量对全球环境政治是有利的，但也有例外。工业化国家对环境恶化负主要责任，国际环境协议的谈判和实施往往在少数关键政府间展开。这些国家的利益和环境直接挂钩，具有遵守条约的制度能力和有效的环境政策。因为国家数量较少，偏好相对单一（尤其是相对于二十一世纪的情况而言），在互惠的基础上达成多方环境合作并不困难。谈判一般集中在一小群牵扯到直接利益的政府提出的环境问题上。在参与方制度能力都很高的情况下，执行承诺的成本和难度并不高，遵守条约也相对容易。

上述理论在实践中得到了证实。1972 年的斯德哥尔摩峰会开启了全球环境合作的时代，《国际防止船舶造成污染公约》和

《蒙特利尔议定书》等早期成功案例使人们对环境合作充满憧憬。1992 年在里约热内卢举行的联合国环境与发展大会通过了大批环境协议，激发了世界各国制定环保新措施的热情。但这样的成功也有例外，在雨林和渔业等自然资源问题上，全球环境合作受到了挫折。发展中国家对关键资源的控制使合作复杂化，不可调和的南北矛盾使互惠互利的交易无法实现。

从那时起，世界已经改变。在 1995 年的柏林气候大会上，由于人们的短视和缺乏对世界经济局势的把控，中国的重要性被彻底忽略，造成了不可挽回的严重后果。中国崛起后，人们开始意识到还有许多其他的新兴经济体在向同样的方向发展，虽然发展速度可能逊于中国。拥有超过十亿人口的印度将成为下一个改变全球环境政治的新兴经济体。

今天，这些关键的变量勾勒出全球环境政治正面临的巨大困难。在各种环境问题上，随着参与方数量增加，各方的环境偏好更加多样化，南北国家间的冲突也随处可见。更令人不安的是，除了包括中国在内的东亚和拉美国家，大多数新兴经济体的环境治理能力都非常弱。谈判也变得举步维艰，因为一个多方同意的条约需要调和不同的利益。即使谈判成功，对拥有大量破坏力的国家来说，遵守条约也绝非易事，这些国家几乎没有制度能力来阻止对生态系统和自然资源的破坏。

在现实中我们看到，二十一世纪的环境合作是多么艰难。虽然"9·11"事件的确给多边条约机制带来了冲击，但也掩盖了对全球环境合作更严重的威胁。"9·11"事件发生的时间和中国污染最严重和大多数新兴经济体经济起飞的时间相吻合，人们一开始认为，一旦本·拉登的恐怖袭击阴影褪去，多边条约的制定就会恢复。事实却是南北国家间的冲突的尖锐化冻结了全球环境合作许多年。

在普遍的失败下，特定领域的合作取得了一些小规模的成功。特定部门的问题可以通过简单的方法来解决，譬如产品禁令和逐步淘汰。在气候制度方面，2016 年 10 月淘汰氢氟碳化合物的《基加利修正案》取得了一定的成效，国际民航组织的航空协议则更具争议性。经过了几轮艰苦的谈判后，处理汞污染的《水俣公约》成功签订，在经济的转型和制度能力的提升下，中国政府最终接受了汞生产和消费的限制。

除了特定领域，全球环境合作的整体表现并不理想。气候制度方面，2015 年的《巴黎协定》终于认识到了在新兴经济体崛起的时代开展环境合作的难度，允许各国制定自己的气候计划。虽然巴黎架构是一个明智且必要的举措，但说白了它只不过是降低了对各国的要求。如果能达成具有法律约束力的条约，强制规定各国的排放上限，当然更好，但在今天的政治现实下，这是不可能的。全球生物多样性制度也经历了惨败，面对科尔伯特所说的"第六次大灭绝"，该制度几乎毫无作为。

最令人不安的是，因为新兴经济体的发展道路更贴近印度而非中国的发展道路，未来人类将面临更大的挑战。二十一世纪的第一个十年是中国的十年，但快速的工业化也带来全球环境的恶化。幸运的是，中国高效的政府体制及时找到了环境问题的解决方案。同时，正如第五章中提到的，印度在环境领域的表现要逊色得多。如果未来新兴经济体制定和实施环境政策的能力更像印度，那么中国应对污染问题的表现是无法超越的，甚至对别国的污染预期来说是个过于乐观的例子。如果新兴经济体成为第二个印度，那么经济增长的环境成本将非常高昂，消极且无章法的应对策略会导致环境进一步恶化，甚至带来气候变化失控等灾难性后果。但是，如果这些国家不发展经济，全球扶贫工作将受挫，人类也将付出巨大的代价。

中国投资了可再生能源并严格监管了国内空气质量，但同时也资助了世界各地数百家燃煤电厂。这些工厂不受日益严格的中国环境政策的管束，将加重空气污染、水资源短缺和气候变化等问题。

目前看来，清洁技术是全球环境政治未来的希望。随着风力发电、太阳能发电、电池和电动汽车技术的日新月异，新兴经济体不再需要在环境和经济之间做出残酷的取舍。制度能力仍然是重中之重，毕竟管理间歇性可再生能源，大规模部署电池，电动汽车充电基础设施的普及都需要政府的配套政策、法规和部署。对制度能力的投资将帮助新兴经济体攻克清洁技术领域的难关。

全球环境政治研究：下一步该做什么？

二十一世纪全球环境政治面临的紧迫挑战也对学术界理论和

实证研究的重新定位提出了要求。本世纪初，全球环境政治的研究趋势是从国家为中心向以非国家为中心的转变。尽管二十一世纪头十年国家行动的瘫痪一定程度上证明了该趋势的合理性，但事实上，全球环境政治的未来还是取决于新兴经济体的国家政策。因此，全球环境政治的学术研究必须重新考虑其优先事项，将重点放在理解新兴经济体在全球环境合作中的作用、挑战和机遇上。

新兴经济体能源和环境政策的政治经济学是学者们需要持续关注的要点。如上所述，想要理解新兴经济体的政策和谈判立场，就必须认识到在有限的制度能力下维持经济快速增长是一个怎样艰巨的挑战。虽然关于发展中国家环境政策的论文不少，但其中探讨发展中国家从二十世纪的第三世界国家成长为二十一世纪的新兴经济体的过程中国际政治经济的重大转变的文章寥寥无几。关于发展中国家环境政策的现有研究大多侧重于第三世界的脆弱性和缺点，而二十一世纪的核心挑战却是快速经济增长与制度能力缺乏的并存。

换句话说，全球环境政治学者应该投入更多的时间和精力来阐述这些政策的制定。为了应对今天的挑战，在研究国家和国际层面的环境政策时，应该首先考虑到有限的国家能力，然后对负面外部影响、利益集团和国际集体行动等众多因素进行考量。

另一个研究重点应该放在了解并最终消除制度能力的障碍上。本书一再强调制度能力的重要性，但针对环境政策制度能力的研究仍然很少。尽管制度能力是制度发展经济学的主要内容，关于在挑战中如何使制度能力最大化的讨论也很活跃，但关于发展中国家环境和能源政策的制度能力的文献依旧十分有限。这是十分遗憾的，因为制度能力的提高本应以系统的政治经济学理论为指导，并以重重实证为检验标准。开发模型和收集高质量的数据进行实证检验是需要时间的，而时间正是当今全球环境保护最稀缺的资源。如果不能及时预测新兴经济体的崛起对环境的具体影响，后果将是灾难性的。

学者们还需要关注环境政策以外的政策。事实证明，非环境政策也可能会对环境产生重大影响，特别是在缺乏系统的环境治理结构的情况下。在印度，农民免费用电造成了地下水的枯竭；在中国，投资补贴促进了燃煤发电厂的大规模扩张；在巴西，鼓励迁居亚马孙的政策导致了森林砍伐。了解新兴经济体的非环境政策对环境的影响是事半功倍的研究方法。燃料补贴、电力部门改革、自然资源管理和农业文化计划等政策对环境的潜在影响力都是巨大的，也是新兴经济体维持增长的必经之路。

我想强调的最后一个研究要点是国际合作对新兴经济体可持续发展的支持。尽管在新兴经济体，褐色问题比绿色问题更容易解决，但国际社会帮助新兴经济体解决环境问题是符合自身利益的。鉴于国家能力建设是未来成功的关键，对如何建立相关机制和制定可持续发展政策的研究已经刻不容缓。今天的许多新兴经济体正处于这样的阶段：精心设计的政策可以防止恶性循环，包括对扶贫不起作用但是鼓励浪费自然资源的环境法规或消费者补贴。这对致力于给世界带来积极变化的社会科学家来说是一个很好的切入点。

通过本书的研究，我得到的重要启示是必须关注新兴经济体政府的政策重点。世界的权力分布正在发生变化，新兴经济体手握的筹码只会越来越多。国际合作可以通过了解这些国家的首要任务，为其提供财政和技术支持来达成。几十年来，新兴经济体一直对殖民主义遗留问题和剥削问题十分敏感，因此迫使它们接受外部条件是不太可能的。关于国际环境合作的学术研究应该认识到这点，并致力于鉴别和发展新现实下的合作机会。

如何更好地保护地球？

资本主义的根本逻辑、商业利益下的政治较量或是资源诅咒都不足以解释今天的全球环境迅速恶化。全球环境问题的爆发，归根结底是因为全球数十亿人正在寻求更好、更方便、更稳固的生活。因此，保护地球不受环境恶化的影响，是二十一世纪人类文明最大和最重要的挑战。不仅消除贫困在道德上是无可厚非的，而且国际社会本来就无法阻止新兴经济体走向经济繁荣。解决问题的方法只能是减少经济扩张带来的环境影响。

然而，新兴经济体经济的快速扩张带来的挑战是巨大的。全球通用、自上而下的环境制度已经过时了。现在，许多关键参与方的偏好不同，制度能力有限，因此将全球环境政治作为制定多边条约的工具只会令人嗤之以鼻。我们不仅需要对全球环境政策的研究进行重新定位，还需要对国际环境合作的实践方式进行更

具体有效的构思。环境条约只有在对新兴经济体有吸引力，并在
有限的制度能力下能够实施的情况下才是有意义的。这突显了处
理褐色问题、适应环境压力和建设制度能力的前瞻性努力的重
要性。

在环境层面，新兴经济体的首要任务和利益不一定都是负面
的。可再生能源的迅速发展就是一个例子，说明局势是可以迅速
扭转的。虽然新兴经济体的制度能力导致了国家政策的局限性，
但先进技术的发展趋势喜人，可以帮助各国避免复刻中国经济成
功带来的燃煤环境灾难。

在制度能力不足的情况下，忽视新兴经济体所面临的政策挑
战是愚蠢的。许多国家仍处于能源发展的早期阶段，政府是可以
及时调整发展方向以避免做出错误决定而走上污染或浪费的发展
轨迹的。好的决定必须在深入了解新兴经济体的政策制定的现实
的情况下才能做出。下面我们来讨论一下这一认识。

新兴经济体正在努力应对经济快速增长带来的治理挑战，但
期望新兴经济体的政府推行牺牲经济增长的环境政策是天真的。
政府最关心的是威胁经济、社会、公共健康和生活质量的国内环
境问题，所以当国内和国际环保主义者能够证明环境恶化将在中
短期内给当地带来高昂的人力、经济和社会成本时，就有机会引
起政府的重视。

能在新兴经济体引起共鸣的环境问题和二十世纪六七十年代
在西方国家引起共鸣的问题是截然不同的。符合新兴经济体政府
政治利益的问题包括：利用可再生能源为偏远农村社区供电；处

理水资源枯竭和污染；提升粮食安全和农业发展的可持续性。在这种情况下，可持续发展的政策框架——在尊重自然边界和避免生态崩溃的前提下实现经济增长——比以往任何时候都更重要。

因此，在气候变化问题上，最近对气候适应的重视是很有希望产生成效的。许多新兴经济体，特别是巴基斯坦、印度和孟加拉国等南亚大国，由于缺水、对季风的依赖和炎热的夏季，非常容易受到气候问题的干扰。对这些国家来说，提供气候资金、技术援助和体制支持帮助它们实现气候适应的协议比那些一味强调气候缓解的协议更有吸引力，毕竟气候反常现象已经是今天的常态，只有气候适应的举措才能在短期内解决问题。另外，兼顾能源安全的可再生能源技术和能源保护政策对新兴经济体来说更具吸引力。

吸引新兴经济体参与合作的一个简单方法是在环境协议中为褐色问题提供解决方案。新兴经济体有很多人口在赤贫中挣扎，环境合作越能为解决水和空气质量问题做出贡献，新兴经济体就越有动力参与条约并履行条约义务。当全球环境协议系统地纳入了褐色问题（水污染、空气污染、气候适应等）时，新兴经济体的利益就得到了兼顾，获取它们的支持也更容易。这是 1987 年联合国提出的可持续发展论中的理论，在当今世界显得尤为重要。

比如在面对气候挑战时，虽然侧重气候减缓在技术上是可行的，但确保气候减缓活动能够解决当地具体的褐色问题，如印度首都的空气污染、煤电厂对孟加拉国红树林的破坏等，才能确保这些国家在政治上的支持。因此，与其说对气候适应的援助是对气候减缓努力的掣肘，不如说是赢得新兴经济体支持的重要战略。只要这些国家能够兑现气候减缓方面的承诺，相关协议将继续为其提供气候适应方面的支援。比如，这些协议将利用可再生能源来帮助亚洲和撒哈拉以南的广大农村家庭通电。

在此背景下，工业化国家未能兑现在 2020 年前提供 1 000 亿美元气候资金的承诺，令人深感忧虑。新兴经济体对环境拥有毁灭性的破坏力，需要支持来适应快速变化、日益恶劣的气候。如果工业化国家不兑现承诺，那新兴经济体又有什么动力投身于气候事业呢？工业化国家拒绝为新兴经济体的气候减缓和适应提供资金是目光短浅的做法，将关于全球气候减缓的谈判进一步复杂化。

从全球的角度来看，主要的政策挑战是将棕色问题的解决化为推动绿色问题解决的动力。如果放任环境恶化，那么这些国家对褐色问题的关注将取代对绿色问题的关注，长远来看并不是一个理想的结果。但如果能够通过解决褐色问题来助力有关绿色问题协议的达成，那么在新兴经济体崛起的世界里，还是可能达成有意义的合作的。谈判理论上，将褐色环境问题和人类发展问题引入全球环境政治的战略称为"协同联系"。

问题的关键不是用褐色问题取代绿色问题，而是公平对待褐色问题，以获取新兴经济体的信任，从而达成互惠互利的合作。对新兴经济体来说，褐色问题仍是对其国民面临的切实威胁，解决这些问题的呼声比在全球层面上解决绿色问题的呼声要高，这是完全可以理解的。毕竟工业化国家在其发展早期也做出同样的选择，直到后来全球性的问题才逐步被提上其政治议程。

联合国可持续发展目标成功地将棕色问题和绿色问题联系在一起，是一个非常成功的早期理念。在 17 个目标中，有些目标，如关于气候变化的目标 13，与解决绿色环境问题直接相关；还有些目标，如关于贫困的目标 1 和关于饥饿的目标 2，与宏观发展相关。其中最有趣的是关于褐色问题的目标，例如目标 7 是"确保所有人都能获得负担得起的、可靠的、可持续的现代能源。"该目标通过强调可再生能源和能源效率对实现为全人类提供能源这一宏大目标的重要性，将"能源贫困"这一核心发展问题与环境质量联系了起来。

上述理论框架是坚固有效的，因为它通过推行可持续能源政策为新兴经济体带来了具体的发展收益。目标 7 建立了能源获取和可再生能源之间的联系，指出了新兴经济体和最不发达国家从投资清洁能源中获取直接收益的可能性——其人口可以一步到位享有现代能源。理想的情况下，这种联系可以缓解人们对绿色能源议题可能取代能源贫困问题的担忧。如果工业化国家能够说服新兴经济体政府，能源获取与清洁能源的部署同样重要，那么可再生能源激发的经济活力就能为双方带来共赢。但如果工业化国家对能源获取问题只是耍耍嘴皮子，新兴经济体将很快失去兴趣，后果将不堪设想。

除了将绿色问题和棕色问题联系起来，谈判者还可以通过先着手特定领域来避开棘手的南北国家间的政治问题，从而提升全球环境合作的效率。我的全球环境政治模型表明，想要推进各个新兴经济体进行大规模有深度的经济变革是十分困难的，但当谈判的重点放在某个具体领域时，难度便大大降低，往往相对简单的政策就能解决问题，不需要改变新兴经济体的增长轨迹。就具体问题进行谈判更容易，成本更低，简单的监管方案需要的制度能力也更少。尽管这并不是长久之策，但至少是不错的"缓兵之计"。

正如本书反复提到的，到目前为止，针对能源和资源利用的南北国家间的谈判是最艰难的，也是南北国家间的分歧的核心所在。国际民航组织的航空业减排和碳抵消计划，以及旨在淘汰氢氟碳化合物的《基加利修正案》等成功案例均未涉及能源资源利用。虽然在气候谈判中，责任分配屡次失败，《巴黎协定》不得不将制定目标的权力下放给了各国，但其间一些针对具体领域的合作还是取得了一定程度的成功。

国际民航组织的协议要求建立一个可靠有效的航空排放抵消机制，但没有要求新兴经济体采取具体的措施，甚至没有限制其航空部门的扩大化。《基加利修正案》也只是禁止了某些产品的开发和使用。虽然修正案提高了空调等设施的成本，但这为气候减缓做出了巨大的贡献，其循序渐进的条款和豁免条款大大降低了中国和印度等新兴经济体的参与成本。尽管针对特定领域的方法无法彻底解决化石燃料的使用这样的大问题，但它可以为世界走上可持续发展的道路尽一份力。同时，随着低碳技术的不断发展，特定领域在技术的加持下也能拥有更光明的未来。

政策制定完善的另一方面是能力建设计划的及时实施。二十世纪九十年代国际社会的一个重大错误是没能预测到中国在二十一世纪初就会成为如此举足轻重的国家。现在，印度正处于成为"第二个中国"的边缘，而且正如第六章中所提到的，还有数十亿人生活在其他大型新兴经济体中。鉴于印度和其他新兴经济体都缺乏像中国那样防止环境灾难的那种制度能力，因此加强能力建设刻不容缓。

"能力建设"常被认为是发展术语中的一个模糊的流行语，一个没有多少意义或相关性的空洞概念。这个词的确被滥用了，但在可持续发展中，国内环境政策的制度能力至关重要，这是毋庸置疑的。在缺乏制度能力的情况下，雄心勃勃的条约和宏大的国家计划将失去意义。在不同新兴经济体的环境政策中，我们反复看到制度能力拖了政策实施的后腿的案例。除非制度能力能够迅速得到改善，全球环境将面对严峻的未来，因为中国对环境的"力挽狂澜"在别的国家很难再次上演。

幸运的是，制度能力问题是有具体的解决方案的。治理环境、能源和自然资源需要一些基本的制度能力，这些能力能同时解决褐色问题和绿色问题，因此，果断帮助新兴经济体快速建立这些能力以解决其褐色问题，在政治上是十分高效的。更重要的是，只要国际社会意识到能力建设的重要性，为处理褐色问题争取外部支持应该比想象的容易得多。

特别是，无视那些即将崛起的国家是十分危险的。在气候问题上，二十世纪九十年代中期对跨大西洋争端的过分重视，导致了"共同但有区别的责任"原则被扭曲，使所有新兴经济体免于任何气候责任，可见这种短视下制定的气候谈判规则造成了极大的混乱，导致了没能及时探讨中国、印度和其他新兴经济体在全球环境合作中的作用和责任。现在，南亚、东南亚和撒哈拉以南的许多人口大国多年来一直保持着经济的快速增长，忽视这些国家也必将是一个错误：它们的破坏力会增加，并将在中短期对全球环境政策起到决定性的作用。在第六章中，我们看到了九个充满经济活力的国家，它们的环境破坏力正在破土而出。尽管世界经济近年来受到新冠疫情的冲击，但新兴经济体的长期经济前景仍是光明的。

在实践中，各国政府可以通过几种不同的方法为新一批国家的崛起做准备，比如委托国际组织和研究机构对那些目前规模尚小、但人口众多且具有发展潜力的国家的未来破坏力进行情景分析。这可以帮助谈判者评估未来环境破坏的来源，并及时与相关国家进行接触。评估不同国家在不同政策下的未来排放轨迹显然是不易的，但早期分析可以预测新兴经济体在低碳发展方面存在的差距和潜在的国际合作机会。

对埃塞俄比亚2025年的绿色增长目标的评估就是一个例子。2011年制定的该战略称"埃塞俄比亚的目标是在2025年达到中等收入水平，同时发展绿色经济"，并推断"如果埃塞俄比亚为实现其雄心勃勃的目标而采取传统的经济发展道路，那么由此产生的负面环境影响将重蹈其他地区的覆辙。"政府官员预测了不同经济部门在"一切照旧"情况下的排放轨迹，包括电力、工业、运输和畜牧业。接着，该战略推出了一系列政策，致力于减少经济增长对环境的影响。自战略推出以来，这一系统性的方法引起了国际社会的广泛关注，埃塞俄比亚政府也与联合国开发计划署和总部设在首尔的全球绿色增长研究所等组织展开了合作，进一步推动该战略的实施。

那么，上述情况对我们来说意味着什么呢？不久之前，几乎所有的现代生态活动都集中在少数几个工业化国家，对全球环境政治性质的假设也反映了这种情况。我们看到在关于污染的谈判取得了一些成功，而在关于发展中国家控制的自然资源的谈判却均遭遇了失败。然而，这一切已经开始改变，因为全球南方的数十亿人终于找到了摆脱贫困的方法。由此，为了保证环境合作的成功，工业化国家必须在技术上、财政上和政治上支持新兴经济体。新兴经济体在扶贫上取得了成功，但它们仍有很长的路要走。它们优先考虑经济发展是可以理解，也是非常公平的，毕竟发达国家的人均资源消耗和污染要高得多，它们的国民享受着世界上大多数人无法想象的奢侈生活。

在此背景下，以美国总统特朗普为代表的右翼民粹主义和民族主义者在政治上的崛起令人担忧。如果工业化国家偏爱那些鄙视全球合作和多边主义的领导人，我们将很难看到新兴经济体全面参与全球环境谈判的景象。几十年过去了，工业化国家是时候带头承担环境的责任，兑现支持贫穷国家的承诺了。

归根结底，二十一世纪全球环境政治的目标是让所有70亿人能在一个拥挤的星球上共同生存和茁壮成长。为了防止严重的气候变化和不可逆转的环境恶化，工业化国家和新兴经济体都有大量的功课要做。工业化国家必须认识到它们对环境破坏的历史责任，并承认新兴经济体的发展需求从根本上是合法的。新兴经济体必须培养它们的环境意识，投资制度能力建设，以应对它们日益恶化的环境问题。全球环境政治的转变既是我们这个时代最大的挑战，也是最大的机遇。